CMP BOOKS
机工IT

全彩

Scientific Plotting and Data Analysis

Origin 2022

科学绘图与数据分析

/ 高级应用篇 /

海 滨 编著

机械工业出版社
CHINA MACHINE PRESS

Origin 是美国 OriginLab 公司推出的科学绘图与数据分析软件，广泛应用于科技论文的撰写、出版。它既能进行简单的图表处理，也可进行复杂的数据分析。

本书以 Origin 2022 中文版为基础，详细讲解 Origin 科学绘图与数据分析的高级应用。全书共 10 章，通过综合绘图案例讲解了 Origin 基础二维图、专业图、三维图及统计图的绘制；结合 Origin 的数据分析功能，通过综合应用案例讲解了快捷分析小工具、曲线拟合、方差分析、参数与非参数检验、高级统计分析。

本书完全结合实例进行讲解，既适合作为大中专院校的教学用书，也适合作为广大科研工作者进行科学绘图与数据分析的参考工具书。

本书实例所用数据可通过"IT有得聊"公众号进行下载。除第 1 章外，每章配有实例操作视频，扫码即可观看。

图书在版编目（CIP）数据

Origin 2022 科学绘图与数据分析. 高级应用篇／海滨编著 . —北京：机械工业出版社，2023. 5
ISBN 978-7-111-72817-7

Ⅰ.①O⋯　Ⅱ.①海⋯　Ⅲ.①数值计算–应用软件　Ⅳ.①O245

中国国家版本馆 CIP 数据核字（2023）第 049289 号

机械工业出版社（北京市百万庄大街 22 号　邮政编码 100037）
策划编辑：赵小花　　　　　　责任编辑：赵小花
责任校对：梁　园　解　芳　　责任印制：常天培
北京机工印刷厂有限公司印刷
2023 年 6 月第 1 版第 1 次印刷
184mm×260mm · 16. 75 印张 · 426 千字
标准书号：ISBN 978-7-111-72817-7
定价：109. 00 元

电话服务　　　　　　　　网络服务
客服电话：010-88361066　机　工　官　网：www. cmpbook. com
　　　　　010-88379833　机　工　官　博：weibo. com/cmp1952
　　　　　010-68326294　金　　书　　网：www. golden-book. com
封底无防伪标均为盗版　机工教育服务网：www. cmpedu. com

Origin 是一个专业的科学绘图和数据分析应用软件，能够满足科学研究中的大部分统计、绘图、函数拟合等需求，可以说是专业论文的标配绘图软件。在中国乃至全世界，有数以百万计的科研工作者使用 Origin 进行数据分析和出版制图。

Origin 每年都会进行两次新版本的发行，带来越来越多方便易用的新功能，我们分享给国内用户的免费学习版，都是最新的 Origin 版本。目前关于新版本 Origin 的书籍较少，本书编者于 2022 年推出的《Origin 2022 科学绘图与数据分析》是其中一本，主要侧重于软件基础功能介绍，非常适合 Origin 新用户入门。对于有一定基础的用户来说，则需要高级应用方面的书籍，而本书通过更深入的实际数据和案例来介绍 Origin 数据绘图和统计分析，包含了更多新版本 Origin 中的绘图类型和快捷设置，同时拓展了更多的统计分析功能，如快捷分析小工具、线性/非线性拟合、统计基础和高级统计分析，对于高校师生、科研人员以及数据分析和统计领域的从业者都有很大的帮助。

本书涵盖了 Origin 软件的大部分功能，从实例出发，介绍了很多 Origin 中的高级应用，是深入了解 Origin 的好帮手。

最后，感谢本书编者对 Origin 的支持与厚爱。这是一本值得推荐的 Origin 高级应用教程，也是一本非常有用的 Origin 工具书，定能让您在 Origin 的使用上更加得心应手，从而更好地进行图形绘制和数据分析。

OriginLab 技术经理

朱庆华（Echo）

前　言

Origin 是 OriginLab 公司出品的专业绘图软件，专为不同领域的科研工作者进行科学绘图和数据分析而设计，可以满足用户的数据分析、函数拟合、图表绘制、统计分析等需求。

本书中的 Origin 指代 Origin 和 OriginPro 两款应用软件，而 OriginPro 在提供 Origin 的所有功能之余，还在峰值拟合、表面拟合、统计分析、信号处理和图像处理等方面增加了扩展分析工具。

Origin 的应用优势在于科学绘图与数据分析，本书首先讲解了基础二维图、专业图、三维图及统计图的绘制，结合 Origin 功能简要介绍，通过综合绘图案例的操作与分析，使得内容更加丰富、实用。然后根据 Origin 的功能，拓展了其在快捷分析小工具、方差分析、参数与非参数检验、生存分析、多变量分析等领域的应用，相信对数据分析与统计领域的从业者会有很大的帮助。

Origin 2022 版是 OriginLab 公司推出的较新版本，相比以前的版本在性能方面有了很大的改善，本书以该版本为基础，结合示例进行讲解。

本书共 10 章，具体安排如下：

第 1 章　Origin 与科学绘图　　　　　　第 2 章　基础二维图绘制

第 3 章　专业图绘制　　　　　　　　　第 4 章　三维图绘制

第 5 章　统计图绘制　　　　　　　　　第 6 章　快捷分析小工具

第 7 章　曲线拟合　　　　　　　　　　第 8 章　方差分析

第 9 章　参数与非参数检验　　　　　　第 10 章　高级统计分析

本书数据主要来源于 Origin 软件自带的 Sample 文件及 Origin 官方网站提供的示例，可到"IT 有得聊"公众号（见封底）或"算法仿真"公众号提供的链接中下载。为帮助读者进一步提高作图水平，"算法仿真"公众号会不定期提供综合应用示例。读者在学习过程中若遇到与本书有关的技术问题，可以访问"算法仿真"公众号进行咨询，编者会尽快给予解答，也可以加入 QQ 群（群号：776705853，密码：origin）进行交流。

虽然编者在本书的编写过程中力求叙述准确、完善，但由于水平有限，书中欠妥之处在所难免，希望读者和同仁能够及时指出，共同促进本书质量的提高。

本书在编写过程中获得了广州原点软件有限公司（美国 OriginLab 中国分公司）的大力支持，在此表示诚挚感谢。

编　者

目　录

第1章 Origin与科学绘图

Origin 是一款具有强大数据分析功能和专业刊物品质绘图能力，为科研人员及工程师量身定制的应用软件。它可以轻松地自定义和自动化数据导入、分析、绘图及报告输出任务，既可以满足普通用户的绘图要求，也可以满足高级用户的数据分析和函数拟合需求。

1.1 Origin 基本介绍

Origin 是由 OriginLab 公司开发的一款科学绘图、数据分析软件，在 Windows 系统下运行。Origin 能够快捷绘制各种 2D/3D 图形，实现统计分析、信号处理、曲线拟合以及峰值分析等数据分析功能。

当前流行的图形可视化和数据分析工具有 Matlab、Mathmatica、Maple、Python 等，使用这些工具需要具备一定的编程能力，而使用 Origin 就像使用 Excel 和 Word 那样简单，只需移动、点击鼠标，选择菜单中的相关命令就可以完成大部分工作，获得满意的结果。

Origin 的绘图是基于模板的，其本身提供了几十种绘图模板，而且允许自定义，绘图时可以选择所需的模板。自定义的范围从简单修改数据图，到复杂的定制数据分析、生成专业刊物品质的报告并保存为分析模板。Origin 支持批量绘图和分析操作，其中模板可用于多个文件或数据集的重复分析。

Origin 可以导入包括 ASCII、Excel、pClamp 在内的多种数据。另外，它可以把图表输出为多种格式的图像文件，如 JPEG、GIF、EPS、TIFF 等。

Origin 如同 Excel、Word 一样，是一个多文档界面应用程序，它将所有工作都保存在 Project（＊.OPJ）文件中。该文件可以包含多个子窗口，如 Books、Graph、Matrix、Excel 等。各子窗口之间是相互关联的，可以实现数据的即时更新。子窗口可以随 Project 文件一起存盘，也可以单独存盘，以便其他程序调用。

本书中的 Origin 指 Origin 和 OriginPro 两款应用软件，其中，OriginPro 除提供 Origin 的所有功能外，还在峰值拟合、表面拟合、统计、信号处理和图像处理等方面增加了扩展分析工具。

1.2 图的类型

工作中常见的二维图包括散点图、饼图、条形图、柱状图、折线图等。针对不同的行业，Origin 通过对应的绘图工具来实现图表的绘制与美化。Origin 中的专业图包括箱线图、面积图、等高线图、极坐标图、瀑布图等，用于展示不同领域的数据。

1.2.1 散点图

散点图（Scatter Plot，Scatter Chart），也叫散布图，是由一些散乱的点组成的图，点的位置由其 X 值和 Y 值确定，也叫 XY 散点图。散点图可用来表述直角坐标系上数据点的分布情况和因变量随自变量而变化的大致趋势。

观察散点的变化趋势，可以选择合适的函数进行经验分布拟合，同时散点图中常常还会拟合一些直线和曲线，以表示某些模型，进而找到变量之间的函数关系。

说明：在分析独立数据时，用直方图、帕累托图可以直接找到改善着眼点，但是要解析两个变量 X、Y 之间的相关性时，就要用到散点图。

当存在大量数据点时，散点图的作用尤为明显。散点图与折线图相似，不同之处在于折线图通过将点相连来显示每一个变化。

散点图经常用于显示和比较数值，如科学数据、统计数据和工程数据。在不考虑时间的情况下比较大量数据点时，可以使用散点图。散点图中包含的数据越多，比较的效果就越好。

1.2.2 饼图

饼图（Sector Graph，或 Pie Graph），常用于统计分析展示，二维饼图为圆形。饼图仅适用于工作表中一列或一行数据的展示。

饼图用于显示一个数据系列（数据集）中各项大小与各项总和的比例。下面对"数据系列"及"数据点"做简要说明。

- 数据系列：图中绘制的相关数据，这些数据源自数据表的行或列。图中的每个数据系列具有唯一的颜色或图案，并且在图例中表示。很多图中可以绘制一个或多个数据系列，而饼图只能展示一个数据系列。
- 数据点：图中绘制的单个值，这些值用条形、柱形、部分饼图或环形图、圆点和其他被称为数据标记的图形表示。

绘制饼图时，对数据有如下要求：①仅有一个要绘制的数据系列；②要绘制的数据点没有负值；③要绘制的数据点几乎没有零值。

饼图可以有如下几种。

1）饼图以二维或三维形式显示每一数值相对于总数值的大小。

2）复合饼图（或复合条饼图）将用户定义的数值从主饼图中提取并组合到第二个饼图（或堆积条形图的饼图）。当需要更易于查看主饼图中的小扇面时，这些图表类型非常有用。

3）分离型饼图显示每一数值相对于总数值的大小，同时强调每个数值。分离型饼图以三维形式显示。

1.2.3 环形图

环形图（Donut Chart）又称为甜甜圈图，是由两个及两个以上大小不一的饼图叠在一起，挖去中间部分所构成的图形。

环形图中的一个环表示一个数据系列，数据列中的每一个数据点都由一段环带表示，因此环形图可显示多个样本中各部分所占的比例，从而有利于对样本构成的比较研究。

环形图与饼图相比具有以下优势。

1）在占比方面，环形图相较于饼图更容易让人把视觉重心从面积转移到长度上来，在肉眼观察数据占比情况的分析中，环形图更具视觉优势。

2）相对于饼图，环形图的空间利用率更高，比如可以使用环形图的空心区域补充说明数据的相关信息，往往更能吸引人的注意力，利于人们理解数据信息。

3）饼图只能显示一个样本中各部分所占的比例，而环形图则可以显示多个样本中各部分的构成。例如，将 5 个班级的成绩分别按优、良、中、差划分为 4 部分，要比较 5 个班级不同成绩学生的构成情况，则需要绘制 5 张饼图，这种做法既不经济也不便比较，而利用环形图则只需要绘制一张。

1.2.4　条形图

条形图（Bar Chart）是用同宽条形的长短来表示数据大小的图表。条形图可以横置或纵置，纵置时也称为柱形图（Column Chart）。

描绘条形图的要素有组数、组宽度、组限 3 个。

- 组数：把数据分成若干组（通常是 5～10 组）。
- 组宽度：通常每组的宽度是一致的。组数和组宽度不是独立决定的，多采用公式：近似组宽度＝（最大值−最小值）/组数，然后四舍五入确定初步的组宽度，之后根据数据情况进行调整（这仅仅是推荐选择）。
- 组限：分为组下限（进入该组的最小可能数据）和组上限（进入该组的最大可能数据），并且一个数据只能在一个组限范围内。

条形图是统计分析中最常用的图表，具有以下优点。

1）能够一眼看出各个数据的大小。

2）易于比较数据之间的差别。

条形图与直方图（Histogram）比较类似。直方图又称质量分布图，是一种统计报告图，由一系列高度不等的纵向条纹或线段表示数据的分布情况，多用横轴表示数据类型，纵轴表示分布情况。条形图与直方图的区别如下。

1）条形图是用条形的高度来表示频数的大小；而直方图实际上是用长方形的面积来表示频数，当长方形的宽相等时可以用矩形的高来表示频数。

2）条形图中横轴上的数据是孤立的，是一个具体的数值；而直方图中，横轴上的数据是连续的，为一个范围。

3）条形图中，各长方形（不同组）之间有空隙；而直方图中，各长方形（不同组）是靠在一起没有空隙的。

4）直方图可以归一化，以显示相对频率，即几个类别中每个案例的比例，其高度等于 1；条形图则无此功能。

1.2.5　箱线图

箱线图（Box Plot）也称箱须图（Box-whisker Plot）、箱形图、盒须图、盒式图等，用于反映一组或多组连续型定量数据分布的中心位置和散布范围，由美国著名数学家 John W. Tukey 于 1977 年首次在其著作 *Exploratory Data Analysis* 中使用。

箱线图包含的数学统计量不仅能够分析不同类别数据的水平差异，还能揭示数据间离散程度、异常值、分布差异等。

绘制箱线图时，需要先找出一组数据的上边缘、下边缘、中位数和两个四分位数，然后连接两个四分位数画出箱体，再将上边缘和下边缘与箱体相连，并画出中位数线条，如图 1-1 所示。

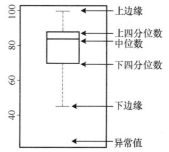

图 1-1　箱线图的构成示意图

箱线图具有以下展示效果。

1）可以直观明了地显示异常值。

箱体中包含了大部分的正常数据，而在箱体上边界和下边界之外的就是异常数据。

2）可以判断数据的偏态和尾重。对于标准正态分布的大样本，中位数位于上、下四分位数的中央，箱体关于中位线对称。中位数越偏离中央位置，分布偏态性越强。异常值集中在较大值一侧，则分布呈现右偏态；异常值集中在较小值一侧，则分布呈现左偏态。

3）可以比较多批数据的集中程度。箱体的上下限分别是数据的上四分位数和下四分位数，这意味着箱体包含了50%的数据。因此，箱体的高度在一定程度上反映了数据的集中程度：箱体越扁说明数据越集中。同样，端线（也就是"须"）越短也说明数据越集中。

1.2.6 面积图

面积图又称区域图，可用于引起人们对总值趋势的关注，它与折线图、柱形图、散点图一样，都是常用的数据展示图，它能够直观地将累计数据呈现出来。

面积图根据呈现的形式可以分为二维面积图和三维面积图。二维面积图主要以平面的形式呈现效果，三维面积图则是以立体的形式呈现效果。面积图根据强调的内容不同，又可以分为以下三类。

- 普通面积图：显示各种数值随时间或类别变化的趋势线。
- 堆积面积图：显示每个数值所占大小随时间或类别变化的趋势线。可强调某个类别交于系列轴上的数值的趋势线。
- 百分比堆积面积图：显示每个数值所占百分比随时间或类别变化的趋势线。可强调每个系列的比例趋势线。

堆积面积图和百分比堆积面积图还可以显示部分与整体的关系。采用面积图展示数据可以起到以下作用。

1）比折线图看起来更加美观。

2）能够突出每个系列所占据的面积，把握整体趋势。

3）不仅可以表示数量的多少，还可以反映同一事物在不同时间里的变化情况。

4）可以纵向与其他系列进行比较，能够直观反映出差异。

5）可以用于商务报表、数据汇报等场景。

1.2.7 等高线图

等高线图一般指等高线地图，是将地表高度相同的点连成一环线直接投影到平面形成二维曲线。不同高度的环线不会合相，只有悬崖或峭壁才能使某处线条太过密集而出现重叠现象。地图中通常用等高线表示地面起伏和高度状况。

在等高线图中，若地表出现平坦开阔的山坡，曲线间的距离就很宽。等高线图所示高度以海平面为基准。

在同一幅等高线图上，地面越高则等高线条数越多。等高线密集的地方，地面坡度陡峻。凡等高线几乎重合处，必为峭壁。等高线为较小的封闭曲线时，这一地区便是山峰、洼地或小岛。根据等高线不同的弯曲形态，可以判读出地表形态的一般状况。

1.2.8 弦图

弦图（Echarts）是一种表示实体之间相互关系的图形，它可以在"多类别+复杂关系"的情况下有效降低视觉复杂度。就场景而言，弦图常用来表现复杂的关系（如人与其他物种之间基因的联系）以及数据的流动情况（如智能手机市场份额流动）等。

弦图多用来表示一组节点之间的关系，包括外部节点和内部连接节点的边，其中，边的宽度表示其权重，即弦。弦是有方向的，因此弦图多用环形来表示。

弦图表达的含义如下。

1）连接的边直接显示对象之间的关系。

2）边的宽度与关系的强度成正比，这一点上比其他图形映射更直观。

3）边的颜色可以是关系的另一种图形映射。

4）扇形宽度代表一个物体与其他物体相连的总强度。

1.3　利用 Origin 绘图

1.3.1　数据处理基本步骤

1. 数据导入

Origin 可以导入包括 ASCII、Excel、pClamp 在内的多种格式数据，其处理的大部分数据都来自其他仪器或软件的输出。因此，数据导入是进行数据处理前的基本操作。

1）典型的 ASCII 文件。ASCII 文件是指能够使用记事本软件打开的一类文件，该类文件的每一行作为一条数据记录，可用逗号、空格或 Tab 制表符分隔为多个列。

2）二进制（Binary）文件。二进制文件与 ASCII 文件不同，其数据存储格式为二进制，普通记事本打不开。二进制文件具有数据更紧凑、文件更小、便于保密和易于记录各种复杂信息等优点，因此大部分仪器软件均采用二进制文件。该格式的文件具有特定的数据结构，每种文件的结构并不相同，因此只有确定其数据结构的情况下才能导入。Origin 直接支持的第三方文件格式可以选择直接导入，但实际操作中，经常先利用仪器软件导出为 ASCII 文件，再将该文件导入到 Origin 中。

3）数据库文件。能够通过数据库接口 ADO 导入的数据文件，如 SQL Server、ACCESS、Excel 数据文件等，在 Origin 中可先筛选再导入。

除了从文件中导入数据外，另一个导入数据的途径是复制数据。如果数据结构比较简单，则直接在 Origin 的数据表中粘贴即可。另外，使用 Windows 系统常用的拖拉放操作可以把数据文件直接拉到数据窗口实现导入。

数据导入的主要步骤如下。

1）根据数据文件格式选择正确的导入方式。

2）采用正确的数据结构对原有数据进行切分处理，获得各行、各列数据。

3）根据具体情况设定各数据列的格式。

2. 数据显示

工作表和矩阵是 Origin 中最主要的两种数据结构。工作表中的数据可用来绘制二维图和部分三维图，但如果想要绘制三维表面图、三维轮廓图，以及处理图像，则需要采用矩阵来存放数据。

矩阵数据格式中的行号和列号均以数字表示，其中，列数字线性将 X 值均分，行数字线性将 Y 值均分，单元格中存放的是该 XY 平面上的 Z 值。

在工作表窗口中选择需要显示的数据，选择主菜单"绘图"中的相应命令，或直接单击工具栏上相应的图形按钮，即可选择可以绘制的各种图形；选定散点图、折线图、柱状图、条形图或饼图等，即可进入相应对话框；选择某列数据对应 X 轴、Y 轴或 Z 轴，在图形窗口中绘制出所需图形；分别对显示图、标注框或坐标轴双击，即可激活与之有关的选项；进行数据点、连接线、各种标注或坐标刻度的修改；单击工具栏中的 T 按钮，输入图形标题。以上是数据显示为图形并进行显示调整的基本步骤。

3. 数据分析

数据分析包括线性拟合、非线性拟合、数据操作与分析、峰拟合、统计分析等。如采用回归分析和曲线拟合方法，可以建立经验公式或数学模型。还可以采用其他数据操作和分析方法对数据进行处理和计算，然后进行数据显示。用 Origin 进行批量数值计算非常方便、快捷。

4. 数据存档与打印

图表绘制完成后需要进行输出，Origin 中绘制的图表会存放在 Origin 工程项目中，为方便沟通，需要将项目中的图表输出到文档中，并加以说明或讨论。

Origin 可以与其他软件共享定制的图表版面设计，此时 Origin 的对象链接会嵌入其他软件。

1.3.2　Origin 图形示例

1. 二维图

二维图绘制是 Origin 中的基本功能，包括点线图、柱状图、散点图、饼图、面积图、多轴图、极坐标图等，如图 1-2 所示。

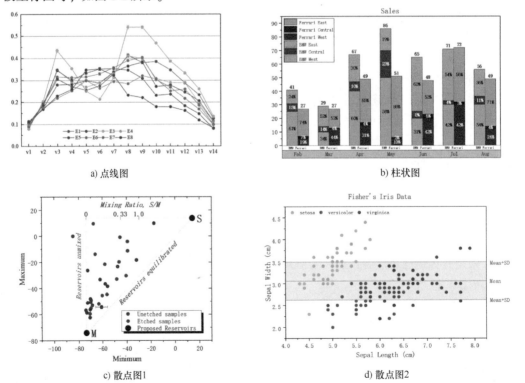

a) 点线图　　　　　　　　　　　　b) 柱状图

c) 散点图1　　　　　　　　　　　　d) 散点图2

图 1-2　二维图

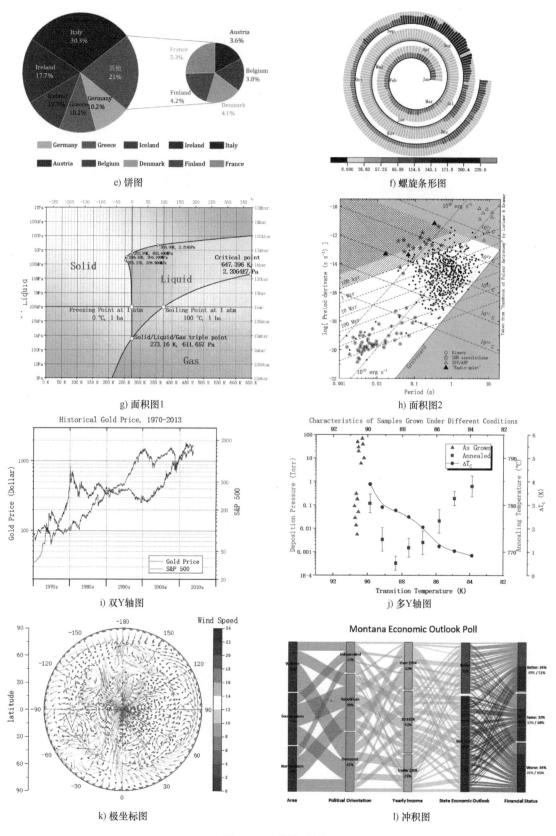

e) 饼图

f) 螺旋条形图

g) 面积图1

h) 面积图2

i) 双Y轴图

j) 多Y轴图

k) 极坐标图

l) 冲积图

图 1-2 二维图（续）

2. 三维图

Origin 提供了多种内置三维绘图模板，用于科学实验中的数据分析，实现数据的多用途处理。在 Origin 中，可以绘制的三维图包括饼图、颜色映射曲面图、柱状图、线框图，如图 1-3 所示。

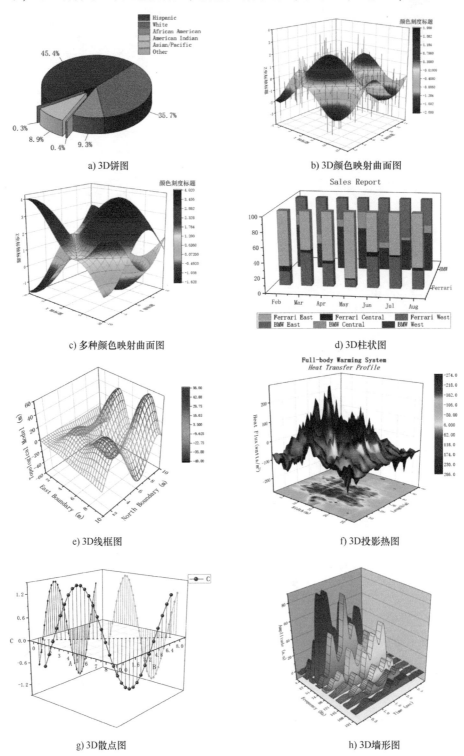

a) 3D饼图

b) 3D颜色映射曲面图

c) 多种颜色映射曲面图

d) 3D柱状图

e) 3D线框图

f) 3D投影热图

g) 3D散点图

h) 3D墙形图

图 1-3 三维图

1.3.3 曲线拟合

曲线拟合是数据分析的常用方法，在试验数据处理和科技论文对试验结果的讨论中经常需要对数据进行曲线拟合，以描述不同变量之间的关系，找出相应函数的系数，建立经验公式或数学模型。

Origin 提供了强大的曲线拟合功能，包括线性拟合、多项式拟合、指数拟合、非线性曲面拟合及自定义函数拟合等，如图 1-4 所示。

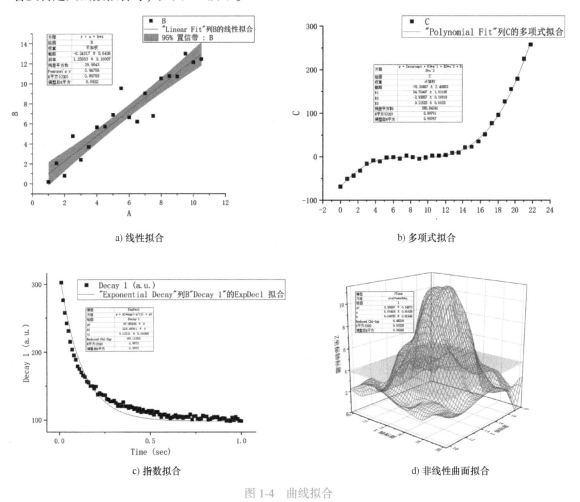

a) 线性拟合

b) 多项式拟合

c) 指数拟合

d) 非线性曲面拟合

图 1-4　曲线拟合

1.3.4 数据操作与分析

Origin 拥有强大、易用的插值/外推、简单数学运算、微积分计算、曲线运算等数据操作与分析功能，如图 1-5 所示。

1.3.5 统计分析

1. 统计图形

Origin 提供了很多统计图形，示例如图 1-6 所示。

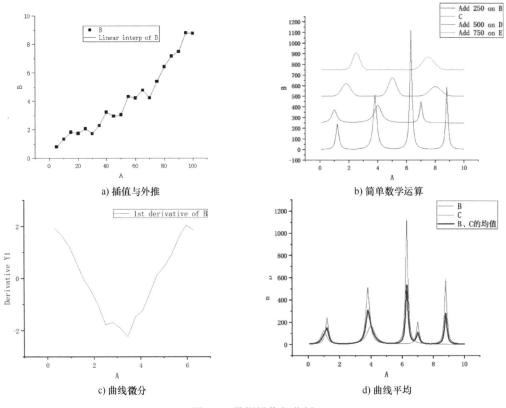

a) 插值与外推　　　　　　　　　　b) 简单数学运算

c) 曲线微分　　　　　　　　　　　d) 曲线平均

图 1-5　数据操作与分析

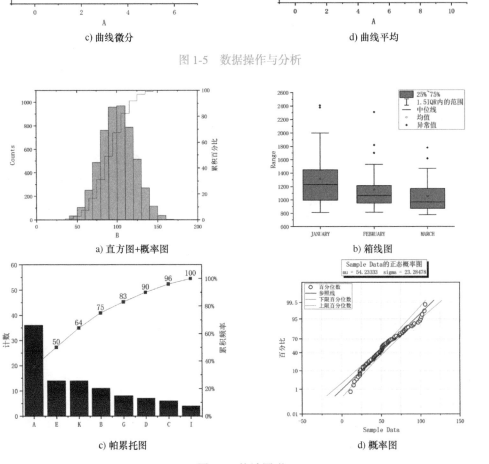

a) 直方图+概率图　　　　　　　　b) 箱线图

c) 帕累托图　　　　　　　　　　　d) 概率图

图 1-6　统计图形

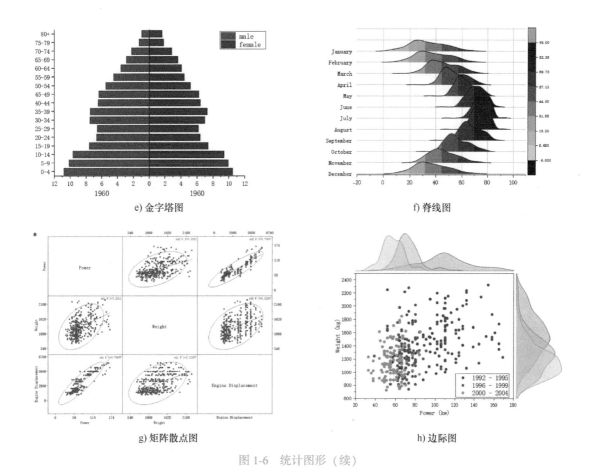

e) 金字塔图

f) 脊线图

g) 矩阵散点图

h) 边际图

图 1-6 统计图形（续）

2. 统计分析

Origin 提供了许多统计分析方法，包括描述统计、单/双样本假设检验、单/双因素方差分析等，并可以生成相应的统计报表，报表中的一些图形如图 1-7 所示。另外，OriginPro 还提供了高级统计分析工具，包括重测方差分析和接受者操作特征曲线预估等。

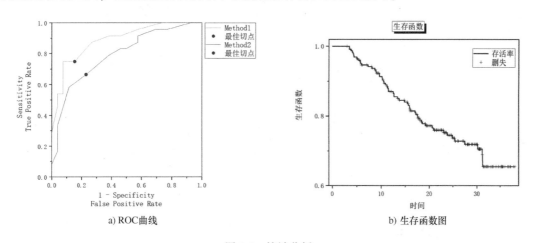

a) ROC曲线

b) 生存函数图

图 1-7 统计分析

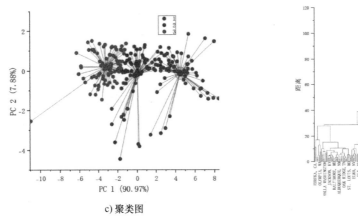
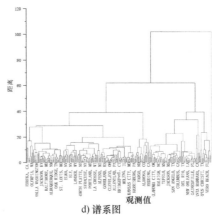

c) 聚类图　　　　　　　　　　d) 谱系图

图 1-7　统计分析（续）

1.4　Origin 工作空间

在 Windows 操作系统下，单击左下角的"开始"按钮，从"程序"列表中单击 Origin 2022 按钮；也可以在安装完成后将快捷方式图标添加到桌面上，双击桌面上的快捷图标，启动图 1-8 所示的 Origin 工作空间（操作界面）。

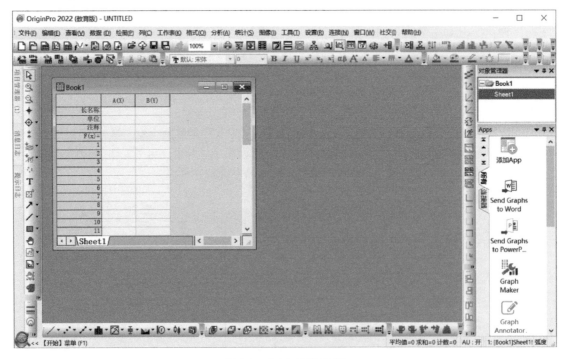

图 1-8　Origin 工作空间

1.4.1　菜单栏

Origin 操作界面的顶部第二行为菜单栏，菜单栏中的每个菜单项包括下拉菜单和子菜单，通过它们几乎能够实现 Origin 的所有功能，如图 1-9 所示。

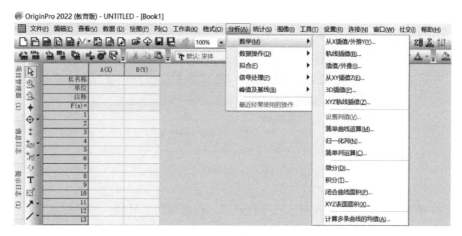

图 1-9　菜单栏显示

此外，Origin 软件的设置都是在其菜单栏中完成的，掌握菜单栏中各菜单选项的功能对使用 Origin 是非常重要的。

1.4.2　快捷菜单

当在某一对象上右击时，出现的菜单称为快捷菜单。Origin 拥有大量的快捷菜单，可以大大提高用户的工作效率。

例如，右击图表中的坐标轴，会出现图 1-10 所示的快捷菜单，通过该菜单可以对坐标轴进行设置。

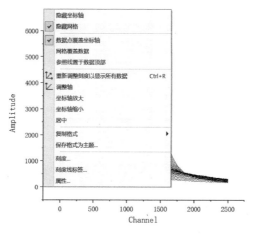

图 1-10　右键快捷菜单

1.4.3　工具栏

1. 常规工具栏

默认情况下工具栏分布在工作区的四周。Origin 提供了分类合理、直观、功能强大、使用方便的多种工具，常用功能大都可以通过工具栏实现。

工具栏包含了经常使用的菜单命令的快捷按钮，当光标放在工具按钮上时，会出现一个显示框，显示工具按钮的名称和功能。例如，当光标放在"批处理"按钮上时，将显示名称"批处理"，并给出其功能描述，如图 1-11 所示。

图 1-11　显示工具按钮的名称和功能

第一次打开 Origin 时，工作界面上已经打开了一些常用的工具栏，如"标准""格式""2D图形""工具""布局""格式"等，这些常用工具栏通常是不关闭的。

2. 浮动工具栏

当选中一个对象或单击界面上的某些关键区域时，会出现浮动工具栏，其支持的控件取决于选定的对象、窗口类型等。

在编辑工作表时，一些工具按钮会在选中某项/区域（如某一列）后显示。选择一个对象（如一条曲线、一个标签文本或者一个单元格），则带有相关按钮的浮动工具栏会出现在对象旁边，如图 1-12 所示。

当光标悬停在工作表的边缘附近或矩阵表的某些区域时，其附近会出现▦图标，此时单击鼠标即会出现浮动工具栏，如图 1-13 所示。

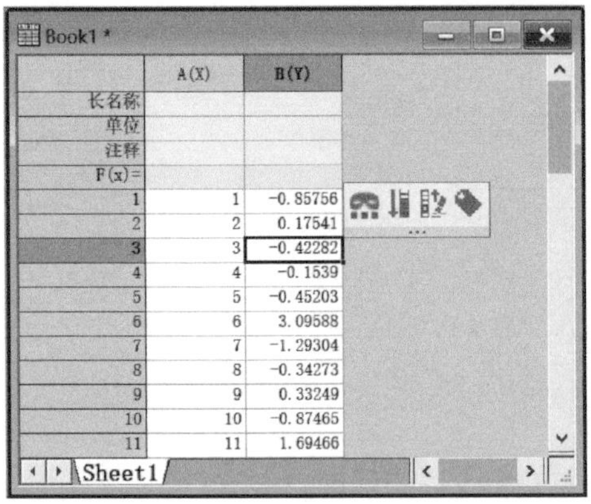

图 1-12　工作表附近浮动工具栏 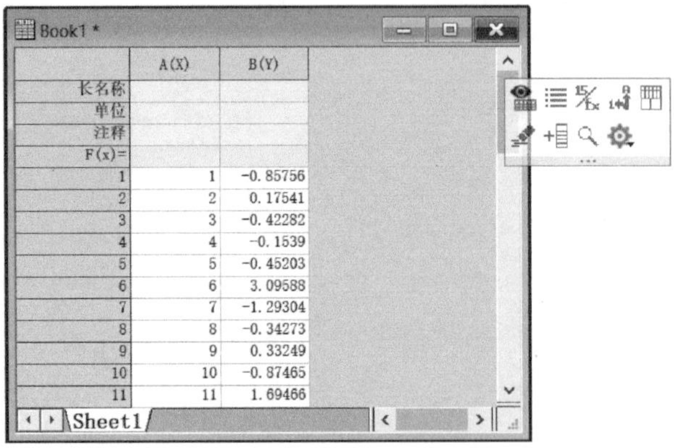　　　　图 1-13　边缘附近浮动工具栏

多数浮动工具栏会有一个属性按钮⚙，单击该按钮可以对相应对象进行设置。如果移开或动作比较慢，浮动工具栏会消失，按〈Shift〉键可以恢复显示。

1.4.4　工作区（子窗口）

工作区是 Origin 的数据分析与绘图展示操作区，项目文件的所有工作表、图形窗口等都在此区域内。大部分绘图和数据处理工作都是在这个区域内完成的。

Origin 为图形绘制和数据分析提供多种子窗口类型，包括工作簿（Books）窗口、矩阵簿

（MBooks）窗口、图形（Graphs）窗口、Excel 工作簿窗口、布局设计窗口、记事本窗口等。其中，工作簿窗口用于导入、组织和变换数据，图形窗口用于作图和数据分析。

一个项目文件中的各窗口是相互关联的，可以实现数据的实时更新。例如，当工作簿中的数据被改动之后，图形窗口中所绘数据点立即随之更新。

当前激活的窗口类型不一样时，菜单栏、工具栏的结构也会随之变化。

当前用于绘图、分析等操作的窗口会使用彩色边框标识，以表明该窗口正处于编辑状态。

1.4.5　项目管理器

操作界面的左侧为项目管理器，类似于 Windows 系统下的资源管理器，能够以直观的形式列出项目文件及其组成部分，方便实现各个窗口间的切换。

Origin 通常使用一个项目文件来组织管理，它包含了一切所需要的工作簿（工作表和列）、图形、矩阵、备注、布局、结果、变量、过滤模板等。

典型的项目管理器如图 1-14 所示，它由文件夹面板和文件面板两部分组成。在项目文件夹上右击时将弹出图 1-15 所示的快捷菜单，其功能包括建立文件夹结构和组织管理两类。

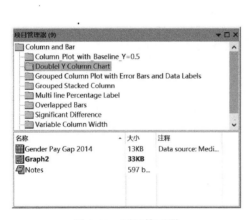

图 1-14　项目管理器

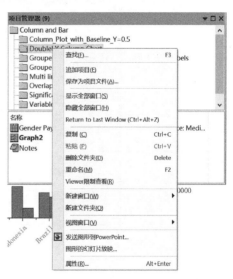

图 1-15　项目文件夹右键快捷菜单

其中，"追加项目"命令可以将其他的项目文件添加进来，从而合并多个 Origin 项目文件。

1.4.6　其他部分

除上述内容外，Origin 窗口中还包含以下部分。

1）Apps。默认操作界面中对象管理器的下方为 Apps，提供了多个用户程序，读者也可以自行编写 Apps 以便调用。

2）状态栏。操作界面的底部是状态栏，它的主要功能是显示当前的工作内容，同时可以对光标所指示的菜单进行提示说明。

3）对象管理器。对象管理器是一个可停靠的面板，默认停靠在工作区域的右侧。使用对象管理器可对激活的图形窗口或者工作簿窗口进行快速操作。

1.5　绘图基本设置

在前面介绍了 Origin 的基本界面后，下面对 Origin 中的基本概念进行简单介绍，包括图层、坐标轴、绘图属性、图例等。

1.5.1　图形窗口

在 Origin 中，图形的形式有很多，但最基本的仍然是点、线、条三种；同一图形中，各个数据点可以对应一个或者多个坐标轴体系。

每个图形都由页面、图层、坐标轴、文本和数据相应的曲线构成，如图 1-16 所示。单层图形包括一组 XY 坐标轴（三维图为 XYZ 坐标轴）、一个或更多的数据图形以及相应的文字和图形元素。一个图形窗口可包含多个图层。

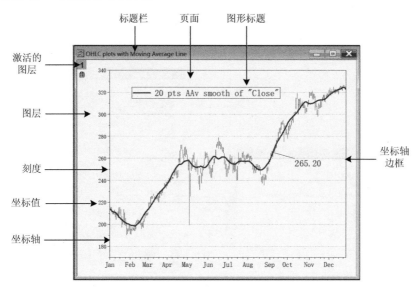

图 1-16　Origin 的图形窗口

1.5.2　图层设置

图层是 Origin 图形窗口中的基本要素之一，它是由一组坐标轴组成的一个 Origin 对象。一个图形窗口至少有一个图层，图层的标记在图形窗口的左上角，用数字显示，按下显示黑色时为当前图层。

单击图层标记，可以更改当前的图层，通过选择菜单栏中的"查看"→"显示"→"图层图标"命令，可以显示或隐藏图层标记，如图 1-17 所示。在图形窗口中，对数据和对象的操作只能在当前图层进行。

选择菜单栏中的"格式"→"图层属性"命令，打开图 1-18 所示的"绘图细节-图层属性"对话框，通过该对话框可以设置和修改图形的各图层参数，如图层的背景和边框、尺寸和大小、坐标轴的显示等。对话框右边由"背景""大小""显示/速度"等选项卡组成。

在图形窗口添加新图层的方式有：通过图层管理器添加图层、通过菜单添加图层、通过"图形"工具栏添加图层、通过"合并图表"对话框创建多层图表。

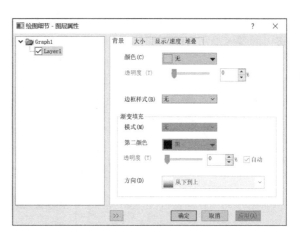

图 1-17　显示或隐藏图层标记　　　　　图 1-18　"绘图细节-图层属性"对话框

1.5.3　坐标轴设置

Origin 中的二维图层具有一个 XY 坐标系，在默认情况下仅显示底部 X 轴和左边 Y 轴，通过设置可完全显示四边的轴。Origin 中的三维图层具有一个 XYZ 坐标系，与二维图坐标系相同，在默认情况下不完全显示，通过设置可使六边轴完全显示。

在 Origin 中，坐标轴是在坐标轴对话框中进行设置的。坐标轴对话框中的选项卡提供了强大的坐标轴编辑和设置功能，可以满足科学绘图的需要。

在图形窗口双击坐标轴可以打开坐标轴对话框。譬如双击 Y 坐标轴，即可弹出图 1-19 所示的"Y 坐标轴-图层 1"对话框，在坐标轴对话框左栏"选择"列表框中显示"水平""垂直"坐标轴。

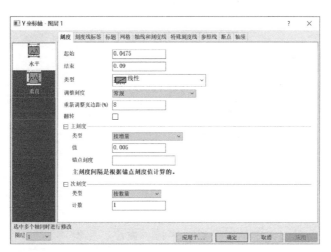

图 1-19　"Y 坐标轴-图层 1"对话框

1.5.4　绘图属性

双击数据图形，会弹出图 1-20 所示的"绘图细节-绘图属性"对话框，利用该对话框可以对图形进行设置。左侧的树形结构级别从上到下分别是：Graph（图表）、Layer（图层）、Plot（图形）、Line（线）、Symbol（点）。图 1-20 所示对话框显示的是数据曲线的信息，单击下方的 >> 按钮可隐藏或显示左侧树形结构。

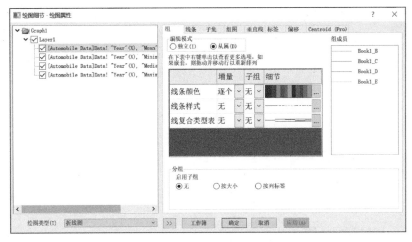

图 1-20 "绘图细节-绘图属性" 对话框

1.5.5 **图例设置**

图例（Legend）一般是对 Origin 图形符号的说明，一般默认为工作簿中的列名（长名称）。

右击图例，选择快捷菜单中的"属性"命令，利用弹出的"文本对象"对话框可以进行图例设置，如图 1-21 和图 1-22 所示。

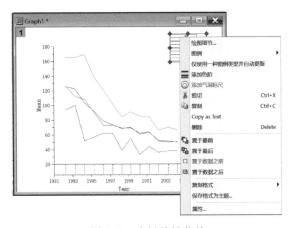

图 1-21 右键快捷菜单

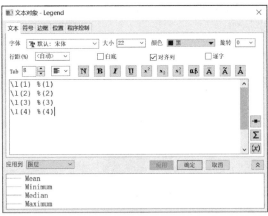

图 1-22 图例设置

在该对话框中可以对图例中的文字进行字体、大小、粗斜体、上下标、添加希腊符号等设置。

第2章 基础二维图绘制

Origin 的绘图功能非常灵活，且十分强大，能绘制出各种精美的满足科技论文绘图要求的二维图。本章将详细介绍多种二维图的绘制方法。

2.1 双轴折线图绘制

下面的示例利用 Historical Gold Price. ogwu 文件中的数据绘制双轴折线图，数据结构如图 2-1 所示，工作簿中包括两张工作表：S&P 500 及 Gold Price。

	A(X)	B(Y)
长名称	Date	S&P 500
单位		
注释		
F(x)=		
1	2013/9/18	1725.52
2	2013/9/17	1704.76
3	2013/9/16	1697.6
4	2013/9/13	1687.99
5	2013/9/12	1683.42
6	2013/9/11	1689.13

	A(X)	B(Y)
长名称	Date	Gold Price
单位		Dollar
注释		
F(x)=		
7	1970/7/6	35.32
8	1970/8/6	35.38
9	1970/9/6	36.19
10	1970/10/7	37.52
11	1970/11/7	37.44
12	1970/12/8	37.44

操作视频

图 2-1 数据表（部分）

2.1.1 生成初始图形

1）在 Origin 中单击"标准"工具栏中的 🔳（创建图）按钮，即可创建一名为 Graph1 的图表，如图 2-2 所示，该图表窗口中含有一个图层，即图层 1，包含 X、Y 轴，图例信息。

2）单击"图形"工具栏中的 🔳（添加上-X 轴，右-Y 轴图层）按钮，创建图层 2，如图 2-3 所示。

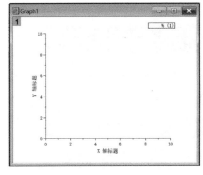

图 2-2 创建新图表（图层 1）

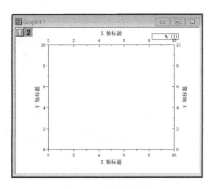

图 2-3 创建图层 2

3）选择菜单栏中的"图"→"图表绘制"命令，弹出"图表绘制：设置图层中的数据绘图"对话框，按图 2-4 所示进行设置，将 S&P 500 工作表中的数据添加到图层 1。

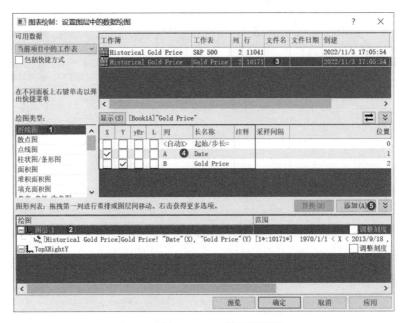

图 2-4　添加 S&P 500 数据到图层 1

说明：如果对话框中未展示对话框上半部分的工作簿列表，可单击 ⊗ （向上展开）按钮将其展开。

4）同样，按图 2-5 所示进行设置，将 Gold Price 工作表中的数据添加到图层 2。设置完成后单击"确定"按钮接受设置并退出对话框，生成的图如图 2-6 所示，此时两条曲线在两个图层上。

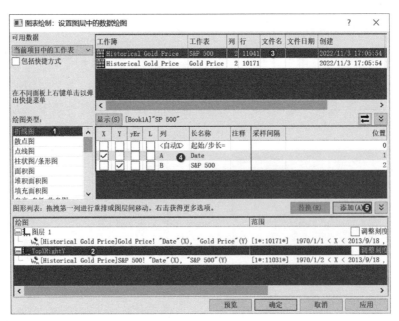

图 2-5　添加 Gold Price 数据到图层 2

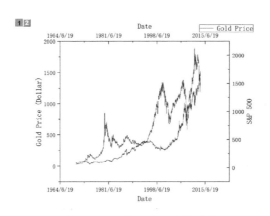

图 2-6 添加数据后生成的图形

2.1.2 图形修饰调整

1）双击图形区域，弹出"绘图细节-绘图属性"对话框，在对话框左侧选中 Layer1 图层下的曲线。

2）在"线条"选项卡进行颜色设置，如图 2-7 所示，将"颜色"修改为"橙"，单击"应用"按钮。

3）同样，在左侧选择 TopXRightY 图层下的曲线，并将线条颜色设置为橄榄绿，单击"应用"按钮，此时的图形效果如图 2-8 所示。

图 2-7 修改线条颜色

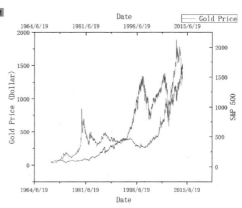

图 2-8 修改颜色后的效果

2.1.3 坐标轴修饰调整

1. 图层 1 坐标轴设置

1）双击 Y 轴，弹出"Y 坐标轴-图层 1"对话框，在该对话框中可对坐标轴进行设置。在左侧选中"垂直"，右侧单击"刻度"，设置"起始""结束"，同时将"类型"修改为 Log10，如图 2-9 所示，单击"应用"按钮。

2）同样，在该对话框左侧选中"水平"，右侧单击"刻度"，设置"起始""结束"，同时将"主刻度"→"值"修改为 10year，此处表示增量为 10 年，如图 2-10 所示，单击"应用"按钮。

图 2-9　Y 轴刻度设置　　　　　　　　　　图 2-10　X 轴刻度设置

3）在"刻度线标签"选项卡中将"显示"选项卡的"显示"设置为年的形式，如图 2-11 所示，单击"应用"按钮，此时的图形效果如图 2-12 所示。

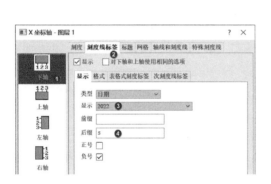

图 2-11　X 轴刻度线标签设置　　　　　　图 2-12　修改 X 轴刻度线标签后的效果

4）在"刻度线标签"选项卡中切换"显示"选项卡为"格式"选项卡，"位置"选择"刻度中心"，如图 2-13 所示，此时可以将 X 轴的年份调整到相邻刻度的中间位置，单击"应用"按钮，效果如图 2-14 所示。

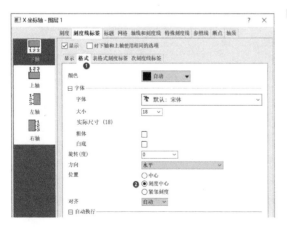

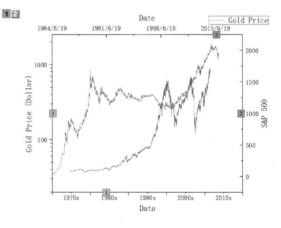

图 2-13　标签位置设置　　　　　　　　　图 2-14　标签位置设置效果

5）在"轴线和刻度线"选项卡中设置"主刻度"→"长度"为 10，"次刻度"→"样式"为"无"，如图 2-15 所示，单击"应用"按钮完成设置，X 轴刻度线如图 2-16 所示。

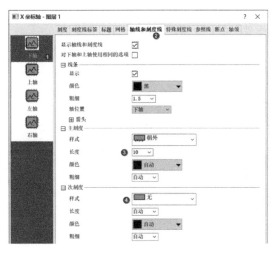

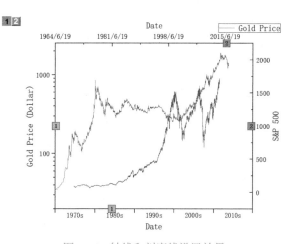

图 2-15　轴线和刻度线设置　　　　　　　　　图 2-16　轴线和刻度线设置效果

6）添加网格线。在"网格"选项卡中对"垂直""水平"网格进行设置，如图 2-17 所示，单击"应用"按钮完成网格线的添加，如图 2-18 所示。

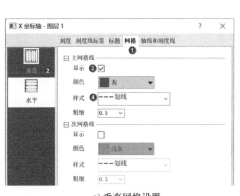

a) 垂直网格设置

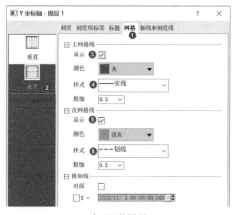

b) 水平网格设置

图 2-17　网格设置

2. 图层 2 坐标轴设置

1）继续在"Y 坐标轴-图层 2"对话框中进行操作。在对话框左下角的"图层"中选择 2，此时对话框标题变为"Y 坐标轴-图层 2"，此时即可对第二个图层的坐标轴进行修改。

说明：前面的操作完成后单击"确定"按钮退出对话框，然后双击右 Y 轴，也可进入图层 2 坐标轴的设置对话框。

2）在"刻度"选项卡中，选择左侧的"垂直"选项，右侧参数设置如图 2-19 所示，设置为对数坐标类型，同时自定义主刻度位置，

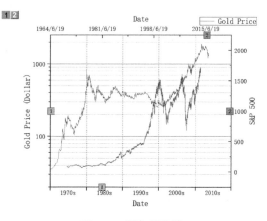

图 2-18　添加网格线

单击"应用"按钮完成设置。

3）同样，在左侧选中"水平"，对上 X 轴进行设置，如图 2-20 所示。

图 2-19　右 Y 轴的设置

图 2-20　上 X 轴的设置

4）在"刻度线标签"选项卡中，左侧选中"上轴"，右侧取消勾选"显示"复选框，如图 2-21 所示，单击"应用"按钮完成设置，不显示上 X 轴的刻度线标签。

5）在"标题"选项卡中取消勾选"显示"复选框，如图 2-22 所示，单击"应用"按钮完成设置，不显示上 X 轴的标题。

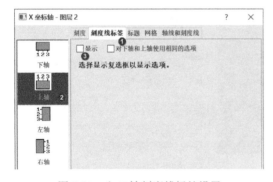

图 2-21　上 X 轴刻度线标签设置

图 2-22　上 X 轴标题设置

6）单击"确定"按钮完成坐标轴的所有设置。此时的图形效果如图 2-23 所示。

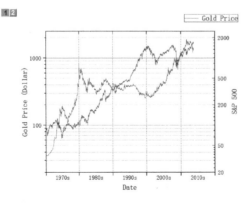

图 2-23　完成坐标轴设置后的图形

2.1.4　添加图题与图例

1）添加图题在画布上右击，在弹出的快捷菜单中选择"添加/修改图层标题"命令，将标题修改为"Historical Gold Price, 1970-2013"，然后选中标题，利用键盘中的方向键将其调整到适当位置。也可以通过拖动的方式移动标题。

2）添加图例。在图形外部空白区域双击，弹出"绘图细节-页面属性"对话框，在"图例/标题"选项卡中勾选"生成图例时包含所有图层的数据图"复选框，如图 2-24 所示，单击"应用"按钮完成设置。单击"确定"按钮退出对话框。

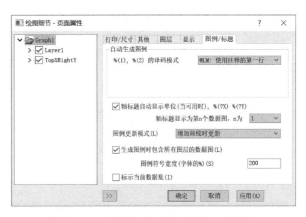

图 2-24　"绘图细节-页面属性"对话框

3）此时的图例并未发生变化。在图例上右击，如图 2-25 所示，在弹出的快捷菜单中选择"图例"→"重构图例"命令，此时图例发生了变化。用鼠标拖动图例到合适位置，此时的效果如图 2-26 所示。

图 2-25　图例右键快捷菜单

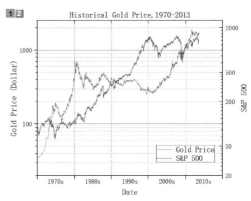

图 2-26　图题和图例添加效果

2.1.5　细节调整

1）选中左 Y 轴，然后单击"样式"工具栏 （颜色）按钮右侧的三角形按钮，在弹出的颜色面板中选择"自动"，如图 2-27 所示，此时坐标轴即可与对应曲线颜色一致。

2）同样，将右 Y 轴设置为与对应曲线颜色一致。

3）在右 Y 轴上单击并停留片刻，在弹出的浮动工具栏中单击 （刻度样式）按钮，在弹出的下拉菜单中单击 朝外（朝外）按钮，如图 2-28 所示。最终的图形效果如图 2-29 所示。

图 2-27　坐标轴颜色设置

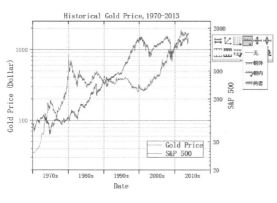

图 2-28　坐标轴浮动工具栏 　　　　　　　图 2-29　最终图形效果

2.2 **带参照线的散点图绘制**

下面的示例利用 Fisher's Iris Data.ogwu 文件中的数据绘制散点图，数据表如图 2-30 所示。

操作视频

长名称	A(X1) Sepal Length	B(Y1) Sepal Width	C(X2) Petal Length	D(Y2) Petal Width	E(Y2) Species
单位	cm	cm	cm	cm	
注释					
F(x)=					
迷你图					
类别					未排序
筛选器					空
1	5.1	3.5	1.4	0.2	setosa
2	4.9	3	1.4	0.2	setosa
3	4.7	3.2	1.3	0.2	setosa
4	4.6	3.1	1.5	0.2	setosa
5	5	3.6	1.4	0.2	setosa
6	5.4	3.9	1.7	0.4	setosa
7	4.6	3.4	1.4	0.3	setosa
8	5	3.4	1.5	0.2	setosa

图 2-30　数据表（部分）

2.2.1 **生成初始图形**

1）将光标移动到数据表上方，在 A(X1) 上按住鼠标并拖动到 B(Y1)，将 A(X1)、B(Y1) 两列数据选中，如图 2-31 所示。

2）选择菜单栏中的"绘图"→"基础 2D 图"→"散点图"命令，即可直接生成图 2-32 所示的图。

长名称	A(X1) Sepal Length	B(Y1) Sepal Width	C(X2) Petal Length	D(Y2) Petal Width	E(Y2) Species
单位	cm	cm	cm	cm	
注释					
F(x)=					
迷你图					
类别					未排序
筛选器					空
1	5.1	3.5	1.4	0.2	setosa
2	4.9	3	1.4	0.2	setosa
3	4.7	3.2	1.3	0.2	setosa
4	4.6	3.1	1.5	0.2	setosa
5	5	3.6	1.4	0.2	setosa
6	5.4	3.9	1.7	0.4	setosa
7	4.6	3.4	1.4	0.3	setosa
8	5	3.4	1.5	0.2	setosa

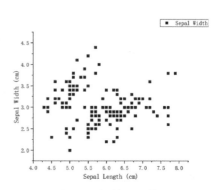

图 2-31　选择数据 　　　　　　　　　　图 2-32　初始图形效果

2.2.2 图形修饰调整

1）双击图表中的散点，弹出"绘图细节-绘图属性"对话框，在对话框左侧选中数据集，对话框右侧显示"符号"选项卡，将"预览"中的符号改为实心点●，"符号颜色"采用"单色""按点"，并选择"颜色选项"下的"索引"单选按钮，如图 2-33 所示。

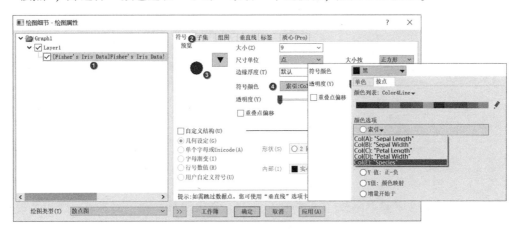

图 2-33 "符号"选项卡

2）单击"颜色列表"下颜色条右侧的 ✏ （画笔）按钮，在弹出的"创建颜色"对话框中单击左侧"颜色列表"下的第一行，然后选择绿色，如图 2-34 所示，单击"确定"按钮退出对话框。

3）单击"绘图细节-绘图属性"对话框中的"确定"按钮退出对话框，图形区的散点颜色发生了变化，如图 2-35 所示。

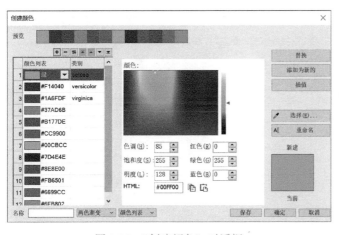

图 2-34 "创建颜色"对话框

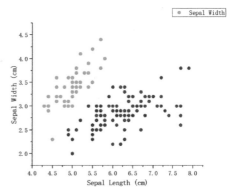

图 2-35 散点颜色变化

2.2.3 坐标轴修饰调整

1）单击 Y 轴并停留，在弹出的 Y 轴浮动工具栏中单击 ⊓ （显示相对的轴）按钮，如图 2-36 所示，在图形右侧添加右 Y 轴。

2）同样，单击 X 轴并停留，在弹出的 X 轴浮动工具栏中单击 ⊓ （显示相对的轴）按钮，在图形上侧添加上 X 轴。最终效果如图 2-37 所示。

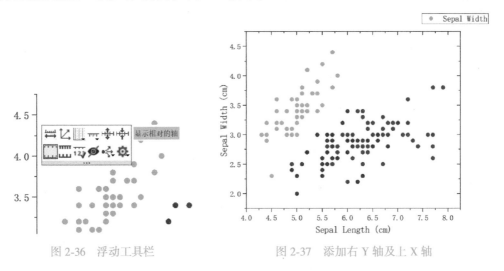

图 2-36　浮动工具栏　　　　　　图 2-37　添加右 Y 轴及上 X 轴

说明：单击浮动工具栏中的 ⟺（轴刻度）按钮，弹出"轴刻度"对话框，通过修改"刻度增量"可以对坐标轴进行设置。本例无须设置。

3）在右 Y 轴浮动工具栏中单击 ⟙（刻度样式）按钮，在弹出的下拉菜单中单击—无（无）按钮，如图 2-38 所示，修改刻度样式。

4）同样，在上 X 轴浮动工具栏中单击 ⟙（刻度样式）按钮，在弹出的下拉菜单中单击—无（无）按钮，修改刻度样式。此时的效果如图 2-39 所示。

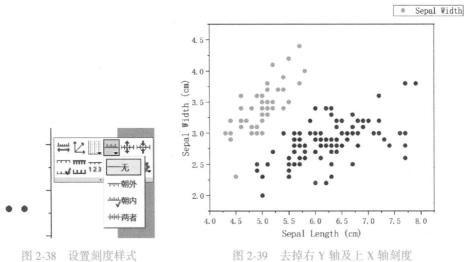

图 2-38　设置刻度样式　　　　　　图 2-39　去掉右 Y 轴及上 X 轴刻度

说明：对坐标轴的设置，也可以通过双击坐标轴，在弹出的坐标轴对话框中进行参数设置。编者更习惯于浮动工具栏的使用，具体的设置这里不再赘述。

5）下面对图形进行参照线的添加操作。双击 Y 轴，弹出"Y 坐标轴-图层 1"对话框，在该对话框中可对坐标轴进行设置。在左侧选中"水平"，右侧切换至"参照线"选项卡，如图 2-40 所示。

6）单击"细节"按钮，弹出"参照线"对话框，可以发现左侧只有"轴始端"与"轴末

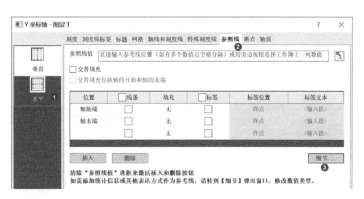

图 2-40　"参照线"选项卡

端"两个选项。单击左下方的"追加"按钮，此时在左侧出现 RefLine3 选项，选中该选项后，将右侧的"数值类型"设置为"统计"，"位置"选择"均值"。

7）取消勾选"线条"下的"自动格式"复选框，并设置"颜色"等选项，在"标签"下勾选"显示"复选框，"标签格式"选择"自定义"，输入"文本"设为 Mean，如图 2-41 所示。单击"应用"按钮，此时会出现标记为 Mean 的线条。

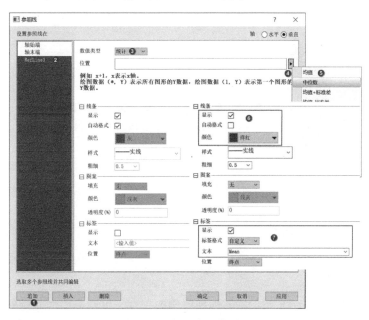

图 2-41　Mean 参照线设置

8）再设置一条标记为 Mean+StdDev（均值+标准差）的线条，参数设置如图 2-42 所示，单击"应用"按钮。继续添加第三条标记为 Mean−StdDev（均值−标准差）的线条，方法同上，单击"应用"按钮。此时的图形效果如图 2-43 所示。

9）单击"确定"按钮，返回"Y 坐标轴-图层 1"对话框，可以发现对话框中间部分新增了三条线的信息，如图 2-44 所示，单击"确定"按钮退出该对话框。

10）按住〈Ctrl〉键，单击选中 Mean+StdDev、Mean、Mean−StdDev 文本，按键盘上的向右方向键调整文本与边框的间隙至合适位置。

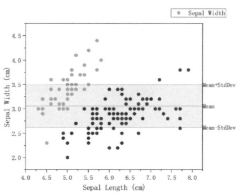

图 2-42　Mean+StdDev 参照线设置　　　　　　图 2-43　添加参照线效果

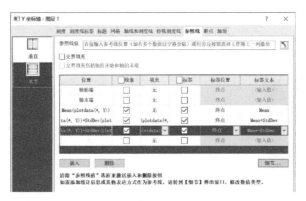

图 2-44　新增的参照线

2.2.4　图例修饰调整

1）在图例上右击，在弹出的快捷菜单中选择"图例"→"重构图例"命令，如图 2-45 所示，此时图例发生了变化。

2）单击图例，按住〈Ctrl〉键的同时拖动图例的控点，可调整图例的排列方式。如图 2-46 所示，将图例调整为一行，然后松开键盘按键及鼠标完成设置，并适当调整位置。

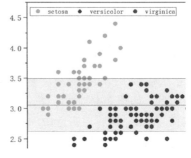

图 2-45　图例右键快捷菜单　　　　　　　　图 2-46　调整图例

说明：当不按〈Ctrl〉键时，只能调整大小，而不能调整排列方式。

3）此时的图例显示边框，与整体图形不协调。单击图例文字部分并停留，在出现的浮动工具栏中修改字体大小为 16，并单击 ▦ （框架）按钮去掉图例的边框，如图 2-47 所示。此时的效果如图 2-48 所示。

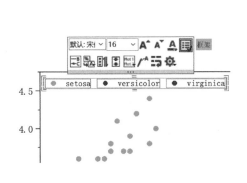

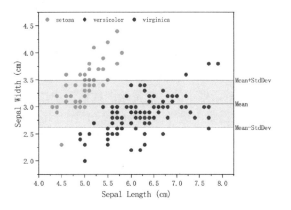

图 2-47   图例浮动工具栏

图 2-48   调整图例后的效果

2.2.5   添加图题

1）在画布上右击，在弹出的快捷菜单中选择"添加/修改图层标题"命令，将标题修改为 Fisher's Iris Data，选中标题后利用键盘中的方向键将其调整到适当位置。也可以通过拖动的方式移动标题文字。

2）在图形区域右击，在弹出的快捷菜单中选择"调整页面至图层大小"命令，即可弹出图 2-49 所示的对话框，保持该对话框的默认设置，单击"确定"按钮，即可调整画布为恰当的显示状态。最终绘制的图形如图 2-50 所示。

图 2-49   "调整页面至图层大小：pfit2l"对话框

3）通过在"绘图细节-绘图属性"对话框"图案"选项卡中进行颜色设置，可以得到不同配色的效果图，读者根据需要选择即可，如图 2-51 所示。

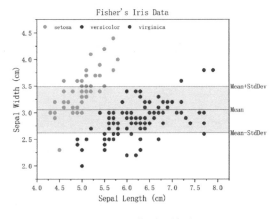

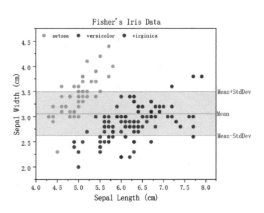

图 2-50   最终图形效果

图 2-51   不同配色显示效果

说明：如果喜欢某一幅 Origin 图的颜色，可右击，在弹出的快捷菜单中选择"复制格式"下的相关命令，然后将该格式粘贴到需要的图中，完成复制。

2.2.6 批量绘图

上面是根据 A(X1)、B(Y1) 两列数据绘制的图表，如需根据 C(X2)、D(Y2) 两列数据绘制，可采用下面的操作实现批量绘图。

1) 将刚刚绘制的图表页面置前，在图表的标题上右击，在弹出的快捷菜单中选择"复制（批量绘图）"命令，如图 2-52 所示，即可弹出"选择工作簿"对话框。

2) 在对话框中的"批量绘图数据"中选择"列"，确认勾选"使用关联的 X"复选框，并在下面的数据集中选择 D：Petal With 列，其余选项保持默认设置，此时对话框的名称变为"选择列"，如图 2-53 所示。单击"确定"按钮退出对话框，此时绘制的图形如图 2-54 所示。

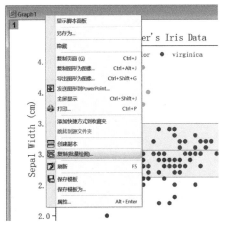

图 2-52 "复制（批量绘图）"命令

图 2-53 "选择列"对话框

说明 1：如果在"选择列"对话框中取消勾选"使用关联的 X"复选框，其余设置不变，绘制的图形如图 2-55 所示。针对该例，取消勾选"使用关联的 X"复选框表示使用与参照图表一样的 X 数据，即 A(X1) 数据列；勾选表示使用与其关联的数据列，即 C(X2) 数据列。

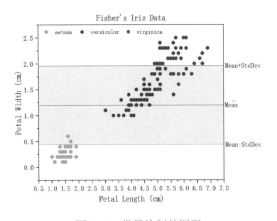

图 2-54 批量绘制的图形

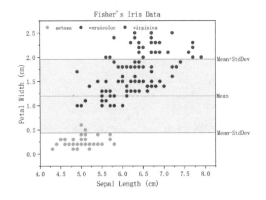

图 2-55 取消勾选"使用关联的 X"复选框后的效果

说明 2：此处只是展示如何绘图，无须关注图形的含义。

2.3 常规饼图绘制

下面的示例利用 Population by Major Ethnic Groups. ogwu 文件中的数据绘制饼图，数据表如图 2-56 所示。

	A(X)	B(Y)
长名称		
单位		
注释		
F(x)=		
1	Hispanic	45.4
2	White	35.7
3	African Am	9.3
4	American I	0.4
5	Asian/Paci	8.9
6	Other	0.3
7		

图 2-56　数据表

操作视频

2.3.1 生成初始图形

1）将光标移动到数据表左上角，当光标变为 ↘ 时单击，如图 2-57 所示，即可将所有数据选中。

2）选择菜单栏中的"绘图"→"条形图、饼图、面积图"→"2D 彩色饼图"命令，即可直接生成图 2-58 所示的图。

图 2-57　选择数据

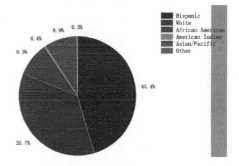

图 2-58　初始图形效果

3）此时，图例超出了画布范围。在图形区域右击，在弹出的快捷菜单中选择"调整页面至图层大小"命令，即可弹出图 2-59a 所示的对话框，保持该对话框的默认设置，单击"确定"

a）"调整页面至图层大小:pfif2l"对话框

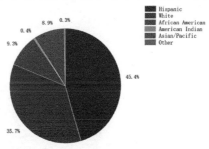

b）调整后的效果

图 2-59　调整页面至图层大小

按钮，即可调整画布为恰当的显示状态，如图 2-59b 所示。

2.3.2　图形修饰调整

1）双击图形区域，弹出"绘图细节-绘图属性"对话框，在对话框左侧选中数据集，对话框右侧显示为"图案"选项卡，如图 2-60 所示。

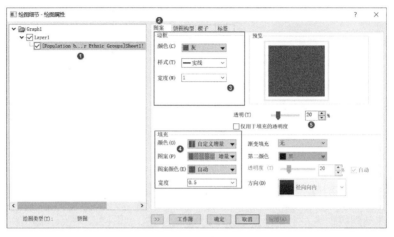

图 2-60　"图案"选项卡

2）在"图案"选项卡进行设置。修改边框颜色为灰色，宽度为 2；填充颜色为"自定义增量"，如图 2-61a 所示；填充图案为"增量"，如图图 2-61b 所示。单击"应用"按钮，此时的图形效果如图 2-62 所示。

a）填充颜色　　　　　　　　　　　　b）填充图案

图 2-61　填充颜色与图案设置

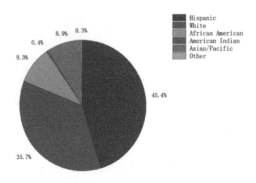

图 2-62　调整图案后的效果

3）在"饼图构型"选项卡进行设置，如图 2-63a 所示。其中"旋转"下的"起始方位角"设置为 125，单击"应用"按钮，此时的图形效果如图 2-63b 所示。

a）"饼图构型"选项卡

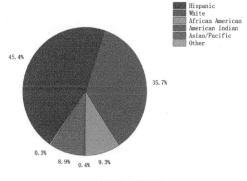

b）旋转后的效果

图 2-63　饼图构型设置

说明："3D 视图"选项下的"视角（度）"默认为 90 度，即显示效果为二维，也可调整为其他角度显示 3D 效果，比如调整为 45 度后的显示效果如图 2-64 所示。

4）在"楔子"选项卡中进行设置，如图 2-65a 所示。选中楔子 White，并勾选前面的"分解"复选框，在"分解位移"文本框中输入 20，单击"应用"按钮，此时的图形效果如图 2-65b 所示。

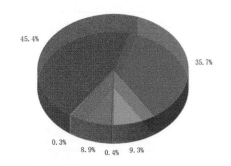

图 2-64　三维饼图

a）"楔子"选项卡

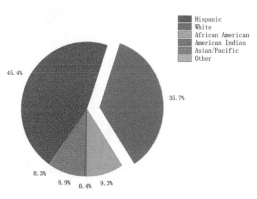

b）分解后的效果

图 2-65　楔子设置

5）在"标签"选项卡中进行设置，如图 2-66a 所示。勾选"类别"复选框，在"位置"选项组中勾选"与楔子位置相关联"复选框，并进行"位置"设置，设置完成后单击"应用"按钮，此时的图形效果如图 2-66b 所示。

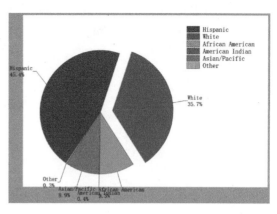

a) "标签"选项卡   b) 设置后的效果

图 2-66　标签设置

6）此时图可知，标签文字有重叠，并且部分文字超出了画布，所以需要先取消勾选"标签"选项卡中的"与楔子位置相关联"复选框，并拖动鼠标调整下方的标签位置。

7）在图形区域右击，在弹出的快捷菜单中选择"调整页面至图层大小"命令，即可弹出相应对话框，保持该对话框的默认设置，单击"确定"按钮，即可调整画布为恰当的显示状态。调整后的效果如图 2-67 所示。

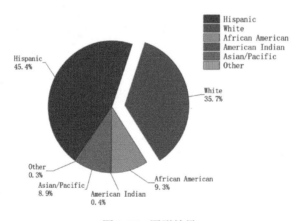

图 2-67　图形效果

2.3.3　添加图题

1）本示例中无需图例即可明确表达图形的含义，因此直接选中图例，按〈Delete〉键将其删除即可。

2）在画布上右击，在弹出的快捷菜单中选择"添加/修改图层标题"命令，将标题修改为 Population by Major Ethnic Groups Southern California，将其选中后利用键盘中的方向键调整到适当位置。也可以通过拖动的方式移动标题文字。

3）通过右键快捷菜单中的"调整页面至图层大小"命令调整画布显示。图形最终效果如图 2-68a 所示。

4）通过在"绘图细节-绘图属性"对话框的"图案"选项卡中进行颜色设置，可以得到不同配色的效果图，读者根据需要选择即可，如图 2-68b 所示。

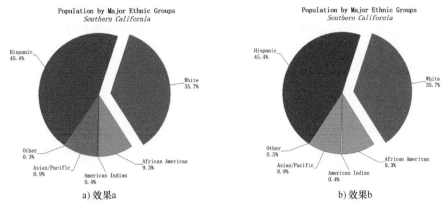

a) 效果a   b) 效果b

图 2-68 最终效果

2.4 复合饼图绘制

下面的示例利用 Number of Student in Each Fraction Segment. ogwu 文件中的数据绘制复合饼图，数据表如图 2-69 所示。

	A(X)	B(Y)
长名称	Fraction segment	Number of student
单位		
注释		
F(x)=		
1	96-100	20
2	91-95	21
3	86-90	23
4	81-85	24
5	76-80	30
6	71-75	56
7	66-70	57
8	61-65	60
9	50-60	93
10	50Down	128

操作视频

图 2-69 数据表

2.4.1 生成初始图形

1）将光标移动到数据表左上角，变为 ↘ 时单击，即可将所有数据选中。

2）选择菜单栏中的"绘图"→"条形图、饼图、面积图"→"复合饼图"命令，即可直接生成图 2-70 所示的图形。

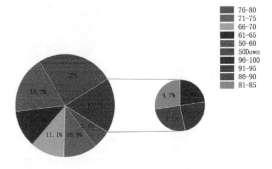

图 2-70 初始图形效果

2.4.2 图形修饰调整

1）双击图形区域，弹出"绘图细节-绘图属性"对话框，在对话框左侧选中数据集。

2）在"饼图构型"选项卡进行设置，如图 2-71 所示。其中"半径/中心"选项组下的"重新调整半径"设置为 60，单击"应用"按钮，此时的图形效果如图 2-72 所示。

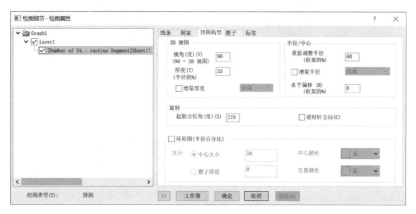

图 2-71　"饼图构型"选项卡

说明：若勾选"饼图构型"选项卡中的"环形图"复选框，则可以将主饼图调整为环形图，如图 2-72 所示。本例不勾选。

3）在"楔子"选项卡中进行设置，如图 2-73a 所示。设置"组合楔子按"为"百分比"，并将"百分比＜＝"设置为 10，即将低于 10% 的扇面组合在一起，单击"应用"按钮，此时的图形效果如图 2-73b 所示。

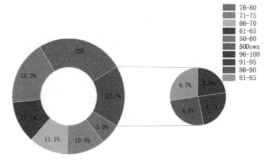

图 2-72　主饼图调整为环形图

a)"楔子"选项卡

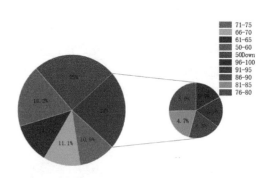

b)组合楔子后的效果

图 2-73　楔子设置

说明：若在"楔子"选项卡中的"显示组合为"选项中选择"环形图"，则可以将辅图调整为环形图，如图 2-74a 所示；若选择"条形图"，则可以将辅图调整为条形图，如图 2-74b 所示。本例选择饼图。

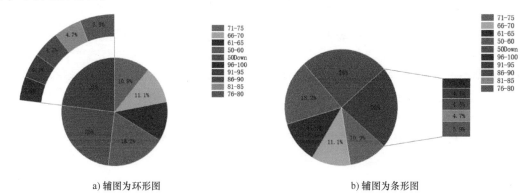

a) 辅图为环形图　　　　　　　　　　　　b) 辅图为条形图

图 2-74　其他组合形式

4）在"标签"选项卡中进行设置，如图 2-75a 所示。勾选"类别"复选框，在"位置"选项组中勾选"与楔子位置相关联"复选框，按图 2-75a 设置完成后单击"应用"按钮，此时的图形效果如图 2-75b 所示。

a)"标签"选项卡

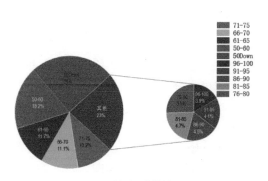

b) 设置后的效果

图 2-75　标签设置

5）取消勾选"标签"选项卡中的"与楔子位置相关联"复选框，拖动辅图中的标签到外部，并调整标签位置，此时的图形效果如图 2-76 所示。

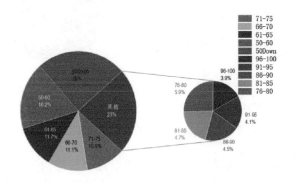

图 2-76　图形效果

2.4.3 添加图题

1）本示例中无需图例即可明确表达图形的含义，因此直接选中图例按〈Delete〉键删除即可。

2）在画布上右击，在弹出的快捷菜单中选择"添加/修改图层标题"命令，将标题修改为 Number of Student in Each Fraction Segment，将其选中后利用键盘中的方向键调整到适当位置。也可以通过拖动的方式移动标题文字。

3）通过右键快捷菜单中的"调整页面至图层大小"命令调整画布显示。图形最终效果如图 2-77a 所示。

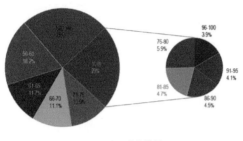
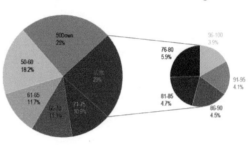

a）配色效果a　　　　　　　　　　b）配色效果b

图 2-77　不同配色显示效果

4）通过在"绘图细节-绘图属性"对话框的"图案"选项卡中进行颜色设置，可以得到不同配色的效果图，读者根据需要选择即可，如图 2-77b 所示。

2.4.4 其他复合饼图绘制

Origin 中，除了上面介绍的"复合饼图"外，还给出了"复合条饼图""复合环饼图"命令，可以直接生成相应的饼图，如图 2-78 所示（已进行美化）。

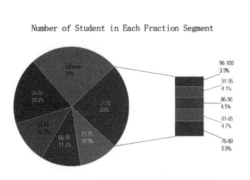
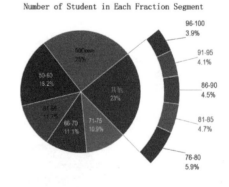

a）复合条饼图（饼图+条形图）　　　　　b）复合环饼图（饼图+环形图）

图 2-78　Origin 可直接绘制的另外两种饼图

在"绘图细节-绘图属性"对话框中，通过配合设置"饼图构型"及"楔子"选项卡中的相关参数可以得到不同的饼图、环形图、条形图组合，其中两种效果如图 2-79 所示。

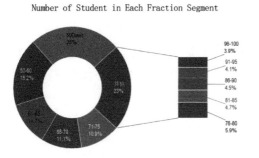

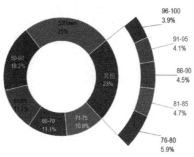

a) 环形图+条形图　　　　　　　　　b) 环形图+环形图

图 2-79　两种复合图

2.5 环形图绘制

下面的示例利用 Windows Version Market Share. ogwu 文件中的数据绘制环形图，数据表如图 2-80 所示。

	A(X)	B(Y)	C(Y)	D(Y)	E(Y)	F(Y)
长名称	Version	2015	2016	2017	2018	2019
单位						
注释						
F(x)=						
类别						
1	WinXP	11.8	7.69	4.77	2.89	1.81
2	Win7	60.46	50.74	45.27	39.05	33.23
3	Win8.1	16.92	11.39	9.34	7.69	6.09
4	Win10	3.96	24.85	37.05	47.46	56.18
5						
6						

图 2-80　数据表（部分）

2.5.1 生成初始图形

1）将光标移动到数据表左上角，当光标变为 ↘ 时单击，如图 2-81 所示，即可将所有数据选中。

2）选择菜单栏中的"绘图"→"条形图、饼图、面积图"→"环形图"命令，即可直接生成图 2-82 所示的图表。

↘	A(X)	B(Y)	C(Y)	D(Y)	E(Y)	F(Y)
长名称	Version	2015	2016	2017	2018	2019
单位						
注释						
F(x)=						
类别						
1	WinXP	11.8	7.69	4.77	2.89	1.81
2	Win7	60.46	50.74	45.27	39.05	33.23
3	Win8.1	16.92	11.39	9.34	7.69	6.09
4	Win10	3.96	24.85	37.05	47.46	56.18
5						
6						

图 2-81　选择数据

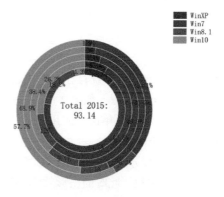

图 2-82　初始图形效果

2.5.2　图形修饰调整

1）双击图形区域，弹出"绘图细节-绘图属性"对话框，在对话框左侧选中第一组数据集，确认右侧"组"选项卡中的"编辑模式"为"从属"，如图 2-83 所示，使得修改该组参数后，其余数据集的参数也随之改变。

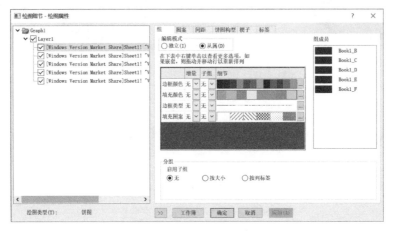

图 2-83　"组"选项卡

2）在"饼图构型"选项卡进行设置，如图 2-84a 所示。其中"半径/中心"下的"重新调整半径"设置为 80，"环形图"下的"中心大小"设置为 40，单击"应用"按钮，此时的图形效果如图 2-84b 所示。

a）"饼图构型"选项卡

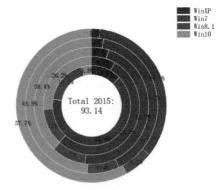

b）设置后的效果

图 2-84　饼图构型设置

3）由于还有其他系统存在，所以百分比之和并不等于 100%，也即存在"楔子"。在"楔子"选项卡中进行设置，如图 2-85a 所示，将"楔子总数"设置为以"值"的形式显示，后面的文本框中输入 100，单击"应用"按钮，此时的图形效果如图 2-85b 所示。图中空白部分即为其他系统所占的百分比。

4）图中的百分比显示偏大。在"标签"选项卡中对"字体"进行设置，如图 2-86a 所示，单击"应用"按钮，此时的图形效果如图 2-86b 所示，可以发现图中的标签字体大小、颜色等均发生了变化。

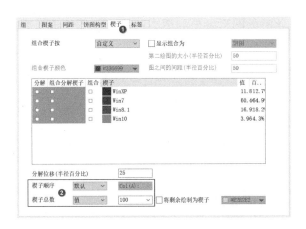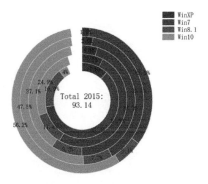

a)"楔子"选项卡 b)设置后的效果

图 2-85 楔子设置

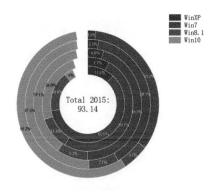

a)"标签"选项卡 b)设置后的效果

图 2-86 标签设置

5）增加渐变效果。回到"组"选项卡，修改"编辑模式"为"独立"，然后在"图案"选项卡中调整透明度。

6）单击左侧的第一组数据集，将"图案"选项卡中的"透明"调整为80%，如图 2-87 所示。将其余组分别调整为 60%、40%、20%、0%。

图 2-87 设置透明度

7）单击"确定"按钮，退出对话框。此时的图形效果如图 2-88 所示，图例透明度较低，与最内侧环形显示一致。

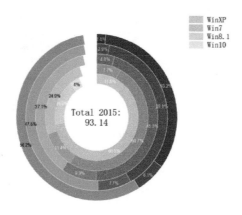

图 2-88　渐变效果

2.5.3　图例修饰调整

1）在图例上右击，在弹出的快捷菜单中选择"属性"命令，弹出"文本对象-Legend"对话框，如图 2-89 所示，修改"字体"和"大小"，并将中间文本框中的 l(1,1)、l(1,2)、l(1,3)、l(1,4) 分别修改为 l(4,1)、l(4,2)、l(4,3)、l(4,4)，单击"确定"按钮，此时的图例以外侧环形为参考。

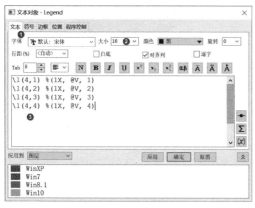

a)"文本"选项卡

b)"符号"选项卡

图 2-89　"文本对象"对话框

2）选中环形图中间的文本，并按〈Delete〉键将其删除，拖动图例到此处，图形效果如图 2-90 所示。

3）在环形楔子处添加年份。单击"工具"工具栏中的 **T**（文本工具）按钮，然后在环形楔子处单击并输入对应的年份，效果如图 2-91 所示。

当前图中，每个环都是按照数据表中的顺序进行绘制的，下面的操作将对环进行排序显示。

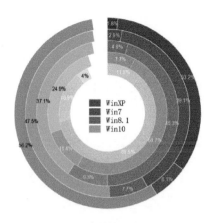

图 2-90 调整图例位置

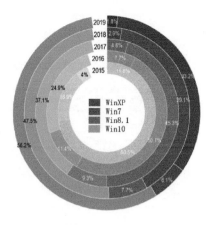

图 2-91 添加年份

2.5.4 环数据排序调整

1）返回数据表，对数据进行排序操作。单击选中 A(X) 列，然后在 A(X) 列上右击，在弹出的快捷菜单中选择"设置为类别列"命令，此时将 A(X) 列设置为类别列，同时在"类别"处出现"未排序"字样，如图 2-92 所示。

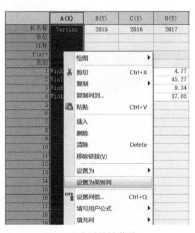

a）右键快捷菜单

b）"未排序"字样

图 2-92 设置类别列

2）双击"未排序"单元格，在弹出的"类别"对话框中勾选"自定义类别（增加，删除，设定任意顺序）"复选框，并调整数据顺序，如图 2-93 所示。由数据表可知，表格中的顺序未发生变化，但"类别"中给出了数据的顺序。

3）返回图表，此时发现图表圆环中的数据顺序已经发生了变化，如图 2-94 所示。单击图例，在出现控点后按住〈Ctrl〉键，同时拖动角点以调整图例为两行两列。利用前面讲解的方法调整图例的属性，最终效果如图 2-95 所示。

4）通过在"绘图细节-绘图属性"对话框的"图案"选项卡中进行颜色设置，可以得到不同配色的效果图，读者根据需要选择即可，如图 2-96 所示。

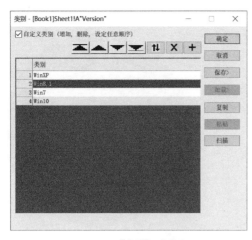

		A(X)	B(Y)	C(Y)
长名称		Version	2015	2016
单位				
注释				
F(x)=				
类别		WinXP Win8		
1	WinXP		11.8	7.69
2	Win7		60.46	50.74
3	Win8.1		16.92	11.39
4	Win10		3.96	24.85
5				
6				

a)"类别"对话框　　　　　　　　　b)排序后的数据表

图 2-93　数据排序

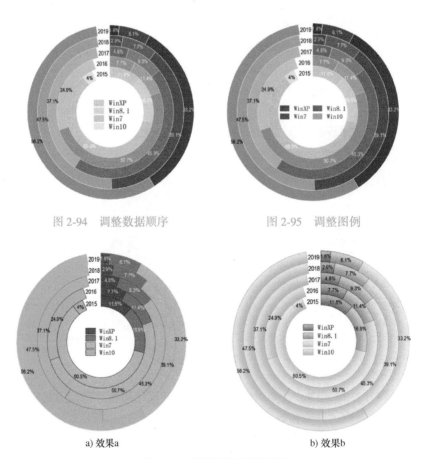

图 2-94　调整数据顺序　　　　　　　　　图 2-95　调整图例

a) 效果a　　　　　　　　　　　　b) 效果b

图 2-96　不同配色显示效果

2.6　半环形图绘制

下面的示例利用 Half Doughnut. ogwu 文件中的数据绘制半环形图，数据表如图 2-97 所示。

	A(X)	B(Y)	C(Y)	D(Y)	E(Y)
长名称	Regions	2010	2011	2012	2013
单位					
注释					
F(x)=					
1	Austria	39606.7	35661.1	31715.6	27770.1
2	Belgium	41866.1	40718.7	39571.2	38423.8
3	Denmark	45798.7	40374	34949.3	29524.5
4	Finland	46631.9	42729	38826.2	34923.3
5	France	59137.9	52233	45328.2	38423.3
6	Germany	113262.7	98614.2	83965.7	69317.3
7	Greece	113552.7	98720	83887.3	69054.6
8	Iceland	119416.3	103375.7	87335.1	71294.5
9	Ireland	196517.7	172605.8	148693.9	124782
10	Italy	336467.4	291036.9	245606.4	200175.9

图 2-97　数据表

操作视频

2.6.1　生成初始图形

1) 将光标移动到数据表上方的 D(Y) 处单击，即可将 D(Y) 列所有数据选中。

2) 选择菜单栏中的"绘图"→"条形图、饼图、面积图"→"环形图"命令，即可直接生成图 2-98 所示的图表。

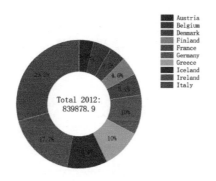

图 2-98　初始图形效果

2.6.2　图形修饰调整

1) 双击图形区域，弹出"绘图细节-绘图属性"对话框，在对话框左侧仅有一组数据集，如图 2-99 所示，右侧显示为"图案"选项卡，用于图案配色设置，后面会进行简要讲解。

图 2-99　"图案"选项卡

2）在"饼图构型"选项卡进行设置，如图 2-100a 所示。其中"半径/中心"下的"重新调整半径"设置为 70，"环形图"下的"中心大小"设置为 50，单击"应用"按钮，此时的图形效果如图 2-100b 所示。

a)"饼图构型"选项卡   b) 设置后的效果

图 2-100 饼图构型设置

3）显示半圆环。在"楔子"选项卡中进行设置。如图 2-101a 所示，将"楔子总数"设置为以"百分比"的形式显示，后面文本框中输入 50，单击"应用"按钮，此时的图形效果如图 2-101b 所示。

a)"楔子"选项卡   b) 设置后的效果

图 2-101 楔子设置

4）在"标签"选项卡中进行设置，如图 2-102a 所示，单击"应用"按钮，此时的图形效果如图 2-102b 所示。

说明：由于勾选了"与楔子位置相关联"复选框，所以标签不能移动。

5）单击选中图例后按〈Delete〉键将其删除。此时还有标签重叠现象，选中标签并拖动到适当位置即可（需要取消勾选"与楔子位置相关联"复选框），并调整环形中央的文本，调整后的效果如图 2-103 所示。

6）通过在"绘图细节-绘图属性"对话框的"图案"选项卡中进行颜色设置，可以得到不同配色的效果图，读者根据需要选择即可，如图 2-104 所示。

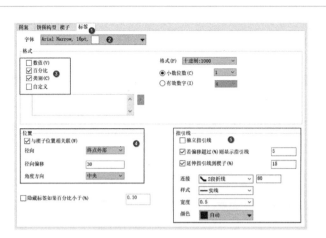

a) "标签"选项卡

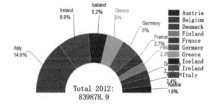

b) 设置后的效果

图 2-102 标签设置

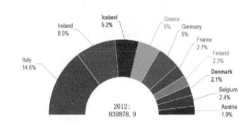

图 2-103 最终图形效果

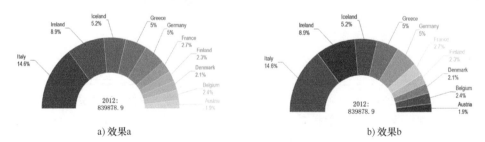

a) 效果a   b) 效果b

图 2-104 不同配色显示效果

2.7 含数据点的均值条形图绘制

下面的示例利用 Global Mobile Phone Sales.ogwu 文件中的数据绘制含有数据点的均值条形图，数据表如图 2-105 所示。

指标	A(X)	B(Y)	C(Y)	D(Y)	E(Y)	F(Y)	G(Y)
长名称	Quarter	Samsung	Nokia/Mic	Apple	LG	ZTE	Huawei
单位		million	million	million	million	million	million
注释							
F(x)=							
类别	未排序						
1	Q1 '10	64.9	110.11	8.27	27.19	6.1	5.24
2	Q2 '10	65.33	111.47	8.74	29.37	6.73	5.28
3	Q3 '10	71.67	117.46	13.48	27.48	7.82	5.48
4	Q4 '10	79.17	122.28	16.01	30.12	9.03	7.82
5	Q1 '11	68.78	107.56	16.88	24	10.79	7
6	Q2 '11	69.83	97.87	19.63	24.42	13.07	9.03
7	Q3 '11	82.61	105.35	17.3	21.01	14.11	10.67
8	Q4 '11	93.83	111.7	35.46	16.94	18.92	13.97
9	Q1 '12	89.28	83.16	33.12	14.72	17.38	10.8
10	Q2 '12	90.43	83.42	28.94	14.35	17.2	10.89

操作视频

图 2-105 数据表（部分）

2.7.1 生成初始图形

1）选择菜单栏中的"绘图"→"统计图"→"条形图+点叠图"命令，弹出"图表绘制：选择数据来绘制新图"对话框，在中间的"显示"列表中按住〈Ctrl〉键选中 B~G 列数据，单击下方的"添加"按钮，即可将数据添加到下方的"图形列表"中，如图 2-106 所示。

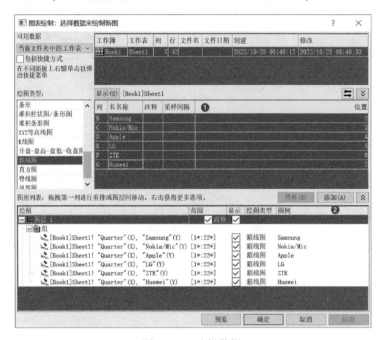

图 2-106　选择数据

2）单击"预览"按钮可查看设置效果，确认无误后单击"确定"按钮，即可生成图 2-107 所示的图形。此时的图形与最终图形差别较大，需要对坐标轴、图例、图形进行设置。

说明：直接在数据表中选择数据列 B(Y)~G(Y)，然后选择"条形图+点叠图"命令，即可跳过"图表绘制：选择数据来绘制新图"对话框的设置，而直接生成图形。

3）在图形区域右击，在弹出的快捷菜单中选择"调整页面至图层大小"命令，即可弹出图 2-108 所示的对话框，保持该对话框的默认设置，单击"确定"按钮，即可调整画布为恰当的显示状态。

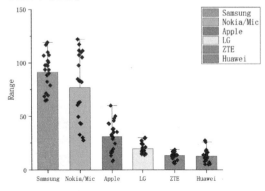

图 2-107　初始图形效果

图 2-108　"调整页面至图层大小：pfit2l"对话框

2.7.2　图形修饰调整

1）双击图形区域，弹出"绘图细节-绘图属性"对话框，在对话框左侧选中第一组数据集，确认右侧"组"选项卡中的"编辑模式"为"从属"，如图 2-109 所示，修改该组参数后，其余数据集的参数将随之改变。

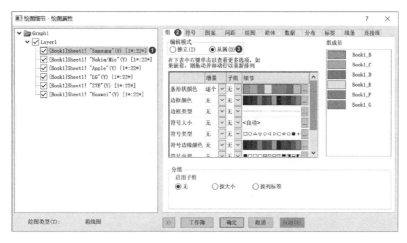

图 2-109　"组"选项卡

2）在"符号"选项卡进行设置，如图 2-110 所示。其中，符号设置为空心圆，"边缘颜色"采用"按点"，并"索引"到数据列 A。

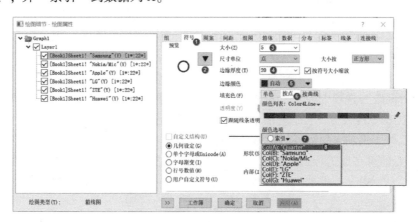

图 2-110　"符号"选项卡

3）单击"颜色列表"右侧的 （画笔）按钮，弹出"创建颜色"对话框，此时在左侧的"颜色列表"中只有 12 种颜色，为了更好地区分图形，需要再添加 10 种颜色，如图 2-111 所示。

读者可根据需要添加另外 10 种颜色，只需选中或设置好颜色，在右侧单击"添加为新的"按钮即可完成，这里不再介绍。单击"确定"按钮退出"创建颜色"对话框，返回"绘图细节-绘图属性"对话框。单击"应用"按钮，此时的图形效果如图 2-112 所示。

4）在"图案"选项卡中设置条形图的边框及填充颜色。读者可根据自己的喜好进行设置，设置过程中可单击"应用"按钮，实时查看设置效果。图 2-113a 所示为"图案"选项卡参数示例，图 2-113b 为设置后的效果。

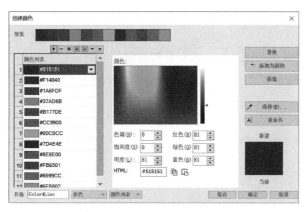

图 2-111 "创建颜色"对话框

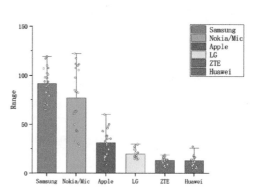

图 2-112 符号设置效果

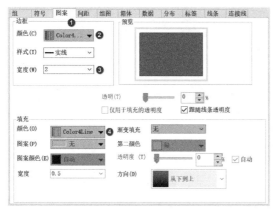

a) "图案"选项卡

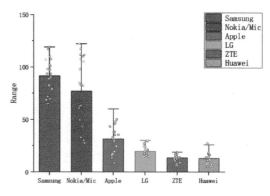

b) 设置后的效果

图 2-113 图案设置

5）通过"间距"选项卡中的"箱体间距"可以调整条形图的间距，在"箱体"选项卡中可以调整条形图的宽度百分比，通常需要将这两个参数配合调整。

6）在"箱体"选项卡中可以对箱体类型进行设置，本例在选择绘图类型时进行设置，如果不是自己需要的可在此进行二次修改。此处"条形图"的"表示值"为"平均值"，"误差棒"的"范围"为 SD（标准差），"系数"为 1，"方向"为正，如图 2-114a 所示，设置后的效

a) "箱体"选项卡

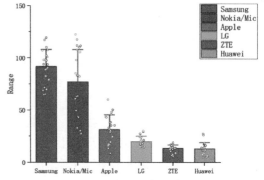

b) 设置后的效果

图 2-114 箱体设置

果如图 2-114b 所示。

7）在"线条"选项卡中可以修改误差棒、线帽的粗细及颜色等，这里将线帽的粗细设置为3，以示区别，其余保持不变。在"连接线"选项卡中可以在图形上设置连接线，包括平均值、中位数、数据点、百分位数等，这里不做设置，后面的示例中会有涉及。

8）单击"确定"按钮，完成图形的设置。

2.7.3 图例修饰调整

1）在图例区域右击，在弹出的快捷菜单中选择"图例"→"箱线图部件"命令，如图 2-115所示，弹出"精细箱线图例：legendbox"对话框，取消勾选"条状图""误差棒"复选框，勾选"数据"复选框，如图 2-116 所示。

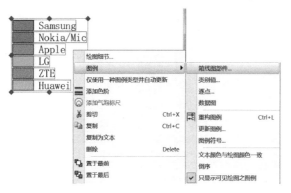

图 2-115　图例右键快捷菜单　　　图 2-116　"精细箱线图例：legendbox"对话框

2）单击"确定"按钮，此时图形窗口中的图例发生了变化，图 2-117 所示为变化前后的图例。

3）此时的图例显示比较大，与图形不协调。单击图例文字部分并停留，在出现的浮动工具栏中修改字体大小为 14，并单击 ▦（框架）按钮去掉图例的边框，如图 2-118 所示。

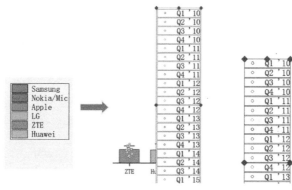
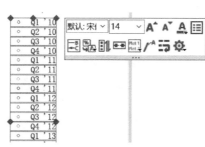

图 2-117　图例变化　　　　　　　图 2-118　图例浮动工具栏

4）单击图例，按住〈Ctrl〉键的同时拖动控点，可调整图例的排列方式，如图 2-119 所示，满意后松开键盘按键及鼠标完成设置，此时的图形效果如图 2-120 所示。

说明：不按〈Ctrl〉键时，只能调整大小，而不能调整排列方式。

5）此时图例的区分并不明显，因此需要在"绘图细节-绘图属性"对话框中调整图例的显示，将"符号"选项卡中的"大小"改为 6，"边缘厚度"调整为 50，效果如图 2-121 所示。

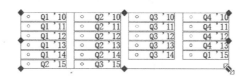

图 2-119　调整图例排列

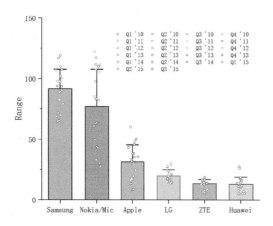

图 2-120　调整图例后的图形效果

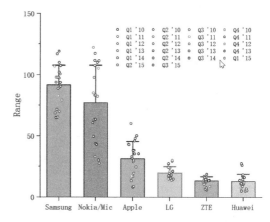

图 2-121　修改图例显示效果

2.7.4　**坐标轴修饰调整**

1）单击 Y 轴标题 Range，将其修改为 Sales Volume。

2）单击 Y 轴并停留，在弹出的 Y 轴浮动工具栏中单击 ▭（轴刻度）按钮，如图 2-122 所示，弹出"轴刻度"对话框，修改"刻度增量"为 25，如图 2-123 所示，单击"确定"按钮完成设置。

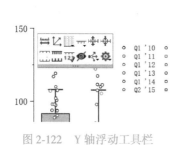

图 2-122　Y 轴浮动工具栏

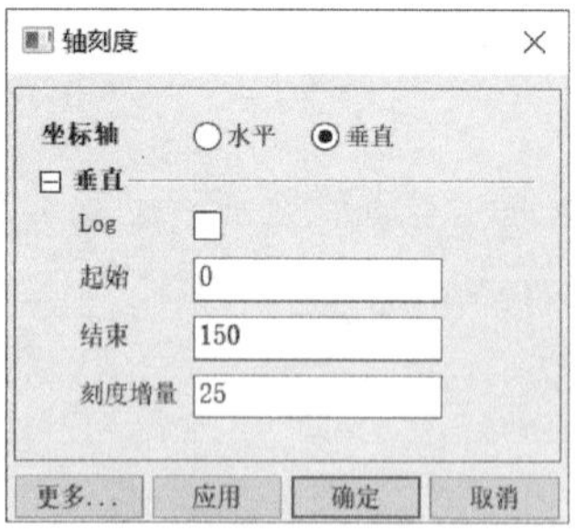

图 2-123　"轴刻度"对话框

3）在 Y 轴浮动工具栏中单击 ▭（显示相对的轴）按钮，在图形右侧添加右 Y 轴。继续在 Y 轴浮动工具栏中单击 ▭（刻度样式）按钮，在弹出的下拉菜单中单击"朝内"按钮，如图 2-124 所示，修改刻度样式。

4）同样，添加 X 轴相对的轴，并将"刻度样式"设置为"无"，此时的图形效果如图 2-125 所示。

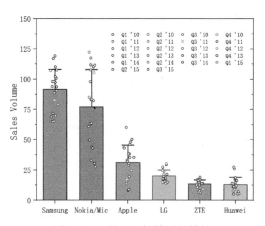

图 2-125 设置坐标轴后的效果

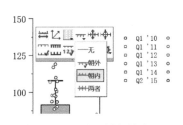

图 2-124 设置刻度样式

说明：坐标轴的设置也可以通过双击坐标轴，在弹出的图 2-126 所示对话框中完成。编者更习惯于浮动工具栏的使用，具体的设置这里不再赘述。

5）在画布上右击，在弹出的快捷菜单中选择"添加/修改图层标题"命令，将标题修改为 Global Mobile Phone Sales，将其选中后利用键盘中的方向键调整到适当位置。

6）在图形区域右击，在弹出的快捷菜单中选择"调整页面至图层大小"命令，即可弹出图 2-127 所示的对话框，保持该对话框的默认设置，单击"确定"按钮，即可调整画布为恰当的显示状态。最终的图形效果如图 2-128 所示。

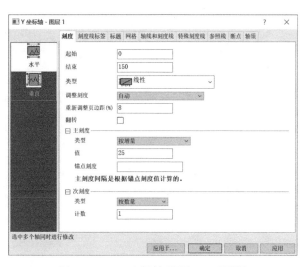

图 2-126 "Y 坐标轴-图层 1"对话框

图 2-127 "调整页面至图层大小：pfit2l"对话框

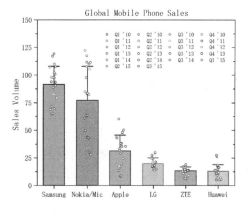

图 2-128 最终图形效果

说明：如果读者喜欢某一副 Origin 图的颜色，可右击图形，在弹出的快捷菜单中选择"复制格式"下的相关命令，然后将该格式粘贴到需要的图中，完成复制。

第3章 专业图绘制

Origin 不仅能够绘制基础二维图，还能绘制各类专业图，包含时间顺序图、弦图、冲击图、面积图、箱线图等。本章将详细介绍在 Origin 中绘制各类复杂二维图（专业图）的操作步骤，帮助读者进一步提高绘图技能。

3.1 时间顺序图绘制

下面的示例利用 Events of Financial Crisis. ogwu 文件中的数据绘制带折线图及时间轴的时间顺序图，数据表如图 3-1 所示，包括三张表：Events、SP500 和 Fed Funds Rate。

操作视频

	A(X)	B(Y)
长名称	Date	Events
单位		
注释		
F(x)=		
类别		
1	2007/4/2	New Century Financial Corporation files for bankruptcy
2	2007/8/4	Jim Cramer made a passionate plea to Ben Bernanke to cut rates
3	2007/12/12	The Federal Reserve Board announces the creation of a Term Auction Facility
4	2008/3/14	Bear Stearns is taken over by JPMorgan Chase
5	2008/9/7	The FHFA places Fannie Mae and Freddie Mac in government conservatorship

◀ ▶ **Events** ⟋ SP500 ⟋ Fed Funds Rate ⟋

图 3-1　数据表（部分）

3.1.1 生成初始图形

1）选择菜单栏中的"绘图"→"多面板/多轴"→"双 Y 轴图"命令，弹出"图表绘制：选择数据来绘制新图"对话框。

2）在对话框的左侧选择"折线图"，下方选择图层 2，然后选择 SP500 工作表，中间部分勾选 X、Y 数据，单击下方的"添加"按钮，即可将数据添加到下方的"图形列表"中，如图 3-2 所示。

3）继续选择 Fed Funds Rate 工作表，中间部分勾选 X、Y 数据，单击下方的"添加"按钮，即可将数据添加到下方的"图形列表"中，如图 3-3 所示。

4）单击"预览"按钮可查看设置效果，确认无误后单击"确定"按钮，即可生成图 3-4 所示包含两个图层的图形。图形中包含了双 Y 轴和双 X 轴。

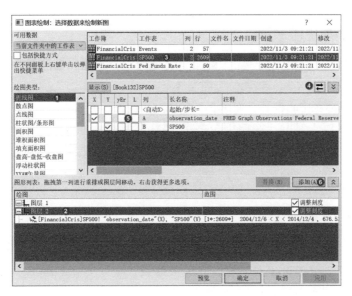

图 3-2 添加 SP500 数据

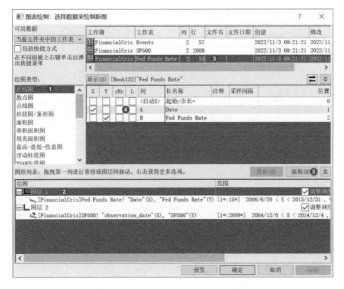

图 3-3 添加 Fed Funds Rate 数据

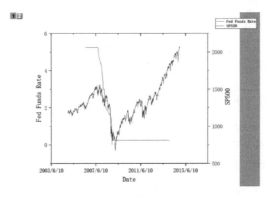

图 3-4 初始图形效果

3.1.2 添加中间横轴

1）单击"图形"工具栏中的 ▢▢（添加上-X 轴图层）按钮，在图形中添加上 X 轴，此时会在图形上方出现一个上 X 轴，该轴位于图层 3 上。

2）将该 X 轴拖动至中间位置，如图 3-5 所示。

3）双击图形区域，弹出"绘图细节-绘图属性"对话框，在左侧选中 TopX，在右侧的"关联坐标轴刻度"选项卡中进行设置，"关联到"选择 Layer1，同时选择"自定义"，并设置 X1 = x1、X2 = x2，如图 3-6 所示。

说明：此处不采用"直接（1∶1）"方式，主要是因为后续设置坐标轴时该轴刻度与主轴刻度不一致。

4）单击"确定"按钮退出对话框，完成关联设置，此时的图形效果如图 3-7 所示。

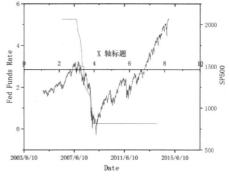

图 3-5 添加中间横轴

图 3-6 关联坐标轴刻度

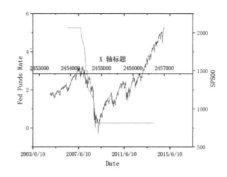

图 3-7 关联后的图形效果

3.1.3 坐标轴设置

1. 图层 1 坐标轴设置

1）双击 X 轴，弹出"X 坐标轴-图层 1"对话框，在该对话框中可对坐标轴进行设置。

说明：在对话框中仅显示了"水平"及"垂直"两个轴，观察图形发现其 5 个轴上显示 1、2、3 数字，如图 3-8 所示，表示它们所在的图层，故而此处只能设置图层 1 上的两条坐标轴。

2）在对话框左侧选中"水平"，右侧切换至"刻度"选项卡，对其进行设置，如图 3-9 所示。设置完成后单击"应用"按钮。继续在"刻度线标签"选项卡中进行设置，如图 3-10 所示，单击"应用"按钮完成设置。

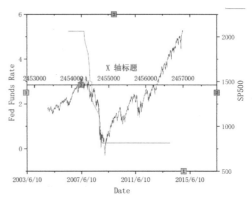

图 3-8 显示图层序号

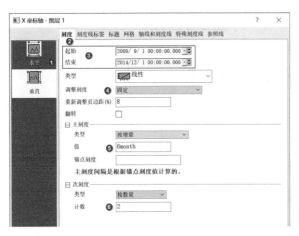

图 3-9　X 轴刻度设置

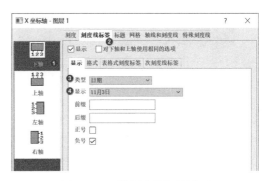

图 3-10　X 轴刻度线标签设置

说明：在"刻度线标签"选项卡中可以对刻度线标签的字体、大小、颜色等进行设置，读者自行尝试即可，这里不再赘述。

3）在"标题"选项卡中取消勾选"显示"复选框，不显示标题；在"轴线和刻度线"选项卡中可以对轴线及刻度线进行设置，包括颜色、粗细、是否包含箭头等。这里保持默认设置。

至此图层 1 中的坐标轴设置就完成了。此时的图形效果如图 3-11 所示。

2. 图层 2 坐标轴设置

1）在"X 坐标轴-图层 1"对话框左下角的"图层"中选择 2，此时对话框标题中由"图层 1"变为"图层 2"，可对图层 2 的坐标轴进行修改。

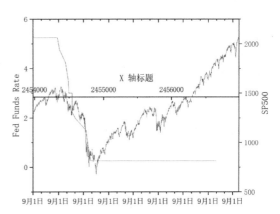

图 3-11　图层 1 坐标轴的设置效果

2）在左侧选中"上轴"，然后在右侧选择"轴线和刻度线"选项卡，按照图 3-12 所示进行设置，将主刻度及次刻度的"样式"均设置为"无"，单击"应用"按钮完成设置。

3）在左侧选中"右轴"，然后在右侧"轴线和刻度线"选项卡中将"线条"→"颜色"由红色修改为黑色，其余保持不变，单击"应用"按钮完成设置。

至此图层 2 中的坐标轴设置就完成了。此时的图形效果如图 3-13 所示。

3. 图层 3 坐标轴设置

1）在对话框右下角的"图层"中选择 3，此时对话框标题中由"图层 2"变为"图层 3"，可对图层 3 的坐标轴进行修改。

2）在左侧选中"上轴"，然后在右侧选择"刻度线标签"选项卡，按照图 3-14 所示进行设置，将"类型"设置为"日期"，"显示"设置为年的形式，如图 3-14 所示，单击"应用"按钮完成设置。

3）进入"刻度"选项卡，发现此时的"起始""结束"发生了变化，即与图层 1 坐标轴的设置保持一致。修改主刻度为按 1 年的增量变化，次刻度计数为 0（即不显示次刻度线），如

图 3-15 所示，单击"应用"按钮完成设置。

图 3-12　修改上轴轴线和刻度线

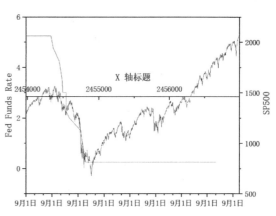

图 3-13　图层 2 坐标轴的设置效果

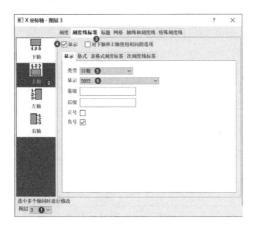

图 3-14　修改上轴刻度线标签

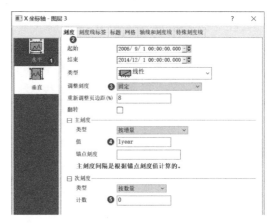

图 3-15　修改刻度显示

4）在"标题"选项卡中取消勾选"显示"复选框，不显示标题；在"轴线和刻度线"选项卡中可以对轴线及刻度线进行设置，包括颜色、粗细、是否包含箭头等。这里将轴线及刻度线的"颜色"设置为浅蓝色，以示区分，将"线条"的"轴位置"设置为"在位置＝3.2"处，如图 3-16 所示。

至此图层 3 中的坐标轴设置就完成了。此时的图形效果如图 3-17 所示。

图 3-16　轴线和刻度线设置

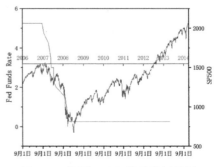

图 3-17　图层 3 坐标轴的设置效果

3.1.4 调整画布尺寸

1）单击图例，并拖动至图形框架内的右上方。单击图形区域，在出现控点时拖动右侧中间处的控点，将图形的长度调整到现在的大约两倍。

说明：也可以通过双击图形区域周边的空白区域，在弹出的"绘图细节-页面属性"对话框左侧选择一级选项 Graph1，并在右侧的"打印/尺寸"选项卡中进行设置，如图 3-18 所示。

图 3-18　修改画布尺寸

设置时图中元素的比例也会随之改变。如果不想使其随画布改变，需要将图层"大小"选项卡中的"缩放"修改为"固定因子"，如图 3-19 所示。

图 3-19　修改"缩放"为"固定因子"

2）在图形区域右击，在弹出的快捷菜单中选择"调整页面至图层大小"命令，即可弹出图 3-20 所示的对话框，保持该对话框的默认设置，单击"确定"按钮，即可调整画布为恰当的

图 3-20　"调整页面至图层大小：pfit2l"对话框

显示状态，如图 3-21 所示。

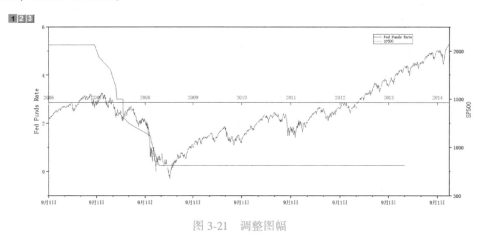

图 3-21 调整图幅

3.1.5 区域填充

1）双击的红色曲线，弹出"绘图细节-绘图属性"对话框，如图 3-22 所示，在"线条"选项卡中设置"宽度"为 1.5，同时在"填充曲线下的区域"中勾选"启用"复选框。

图 3-22 填充曲线下的区域

2）在新出现的"图案"选项卡中设置"填充"→"颜色"为黄色，并把"透明度"修改为 80%，如图 3-23 所示。单击"应用"按钮完成设置。

3）此时会发现填充区域并不连续，这是因为曲线之间有间断。在对话框左侧选中 Graph1，在右侧的"显示"选项卡中勾选"跨缺失数据连接直线"复选框，如图 3-24 所示。单击"应用"按钮完成设置。

说明：按住〈Ctrl〉键的同时滚动鼠标滚珠可以对图形进行缩放以便观察。

4）在对话框左侧选中 Layer1 下的曲线，在右侧的"线条"选项卡中对曲线宽度、颜色、透明度进行设置，如图 3-25 所示。单击"应用"按钮完成设置。

5）观察图形展示效果，满足要求后单击"确定"按钮，退出对话框，此时的图形如图 3-26 所示。

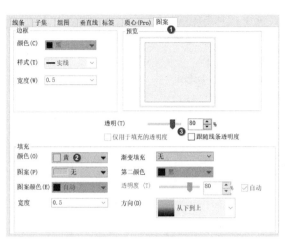

图 3-23 设置填充图案

图 3-24 跨缺失数据连接直线

图 3-25 曲线设置

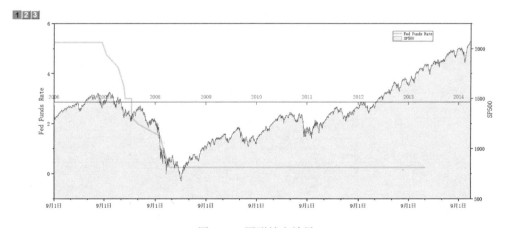

图 3-26 图形填充效果

3.1.6 添加散点

1）在中间时间轴上添加时间及事件操作前，需要对数据表进行处理。将数据表中的 Events

工作表置前。

2）选择菜单栏中的"列"→"添加新列"命令，在弹出的
"添加新列"对话框中设置添加 2 列，如图 3-27 所示，单击"确
定"按钮。

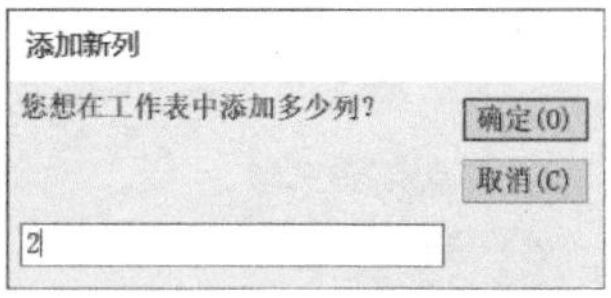

3）将新加列中的"长名称"分别改为 Position 及 Label，
Position 列的 F(x)= 3.2，Label 列的 F(x) 通过代码进行设置。

图 3-27 "添加新列"对话框

说明：Origin 的"设置值"对话框允许在公式脚本前定义 LabTalk 函数，然后将该函数用作
公式使用。

4）在 Label 列的 F(x) 行右击，在弹出的快捷菜单中选择"打开对话框"命令，如图 3-28
所示，弹出"设置值"对话框。如图 3-29 所示，在对话框中设置 Col(D)= combine(col(a),col
(b))\$，在"执行公式前运行脚本"标签下输入如下代码：

```
function string combine(double dd, string event$)
{
    string str1$;
    string strDate$ = Date2str(dd,"MMM",'dd','yyyy") $;
    str1$ = "\c11(\b(" +strDate$+ "))%(CRLF)" + event$;
    return str1$;
}
```

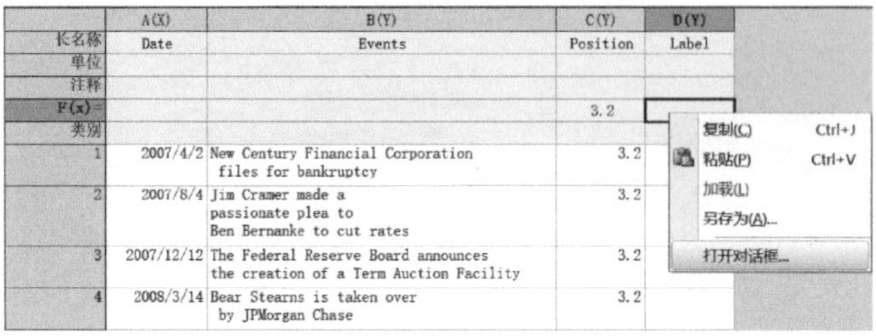

图 3-28 快捷菜单

图 3-29 "设置值"对话框

5）设置完成后，单击"确定"按钮，自动在 Label 列生成数据，如图 3-30 所示。

6）选中 Events 表中的 A(X)、C(Y)两列数据后回到图形窗口，并单击左上角的 3，将图层
3 置前。

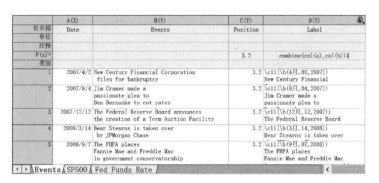

图 3-30　自动生成数据

7）选择菜单栏中的"插入"→"在当前图层添加绘图"→"散点图"命令，即可在中间轴上添加散点，如图 3-31 所示。

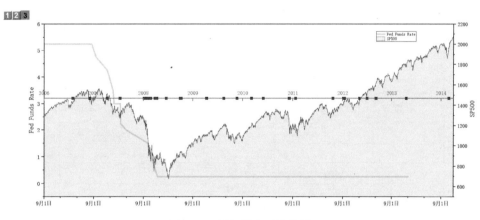

图 3-31　添加散点后的效果

3.1.7　添加散点标签

1）双击图形区域，弹出"绘图细节-绘图属性"对话框，在左侧选中 TopX 下的散点数据，在右侧的"符号"选项卡中进行设置，如图 3-32 所示，单击"应用"按钮完成设置。

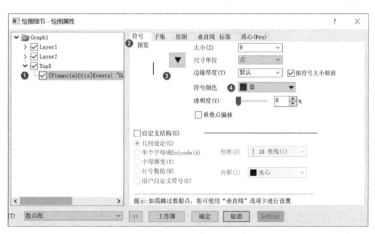

图 3-32　"符号"选项卡

2）在"标签"选项卡中进行设置，如图 3-33 所示，单击"应用"按钮完成设置。单击"确定"按钮退出对话框，此时的图形如图 3-34 所示，其中文字重叠比较严重，需要进行调整。

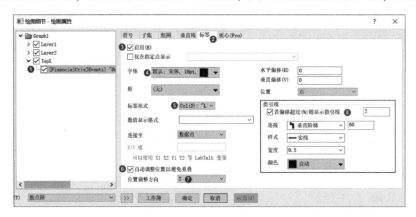

图 3-33 "标签"选项卡

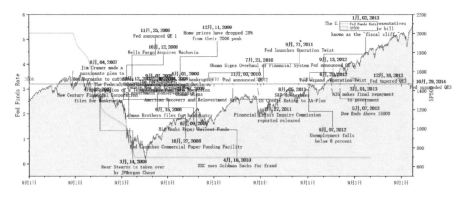

图 3-34 生成的标签

3）单击选中每一个标签，然后拖动或者通过键盘中的方向键调整位置，结果如图 3-35 所示。本例在调整前将字体大小改成 16，以便展示。

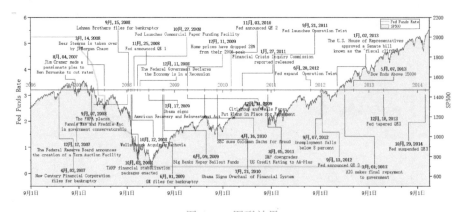

图 3-35 图形效果

4）图 3-35 所示图表尚显密集，继续调整。双击图形区域周边的空白区域，在弹出的"绘图细节-页面属性"对话框左侧确认选择了一级选项 Graph1，并在右侧的"打印/尺寸"选项卡中进行设置，如图 3-36 所示。

图 3-36　修改画布尺寸

5）完成设置后单击"确定"按钮退出对话框。继续调整标签位置，最终结果如图 3-37 所示。

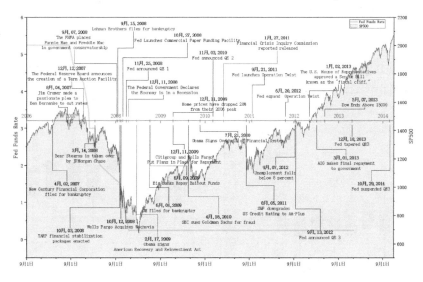

图 3-37　修改画布并调整显示

3.2　含散点的箱线图绘制

下面的示例利用 Points Scored by the Top 11 Players. ogwu 文件中的数据绘制含有散点的箱线图，数据表如图 3-38 所示。

长名称	A(Y)	B(Y)	C(Y)	D(Y)	E(Y)	F(Y)	G(Y)
	Lebron James	Deron Williams	James Harden	Carmelo Anthon	Tony Parker	Kyrie Irving	Stephen Curry
单位							
注释							
F(x)=							
1	16	9	19	37	10	29	23
2	11	15	18	45	25	15	21
3	17	21	14	24	22	14	20
4	22	11	12	15	8	22	13
5	13	13	17	18	24	22	16
6	15	18	26	20	19	8	20
7	23	20	24	22	37	19	12
8	7	10	14	30	15	6	22
9	12	18	22	29	10	28	27
10	4	17	9	20	20	18	16

图 3-38　数据表（部分）

操作视频

67

3.2.1 生成初始图形

1）将光标移动到数据表左上角，变为 ⬊ 时单击，如图 3-39 所示，即可将所有数据选中。

	A(Y)	B(Y)	C(Y)	D(Y)
长名称	Lebron James	Deron Williams	James Harden	Carmelo Anthon
单位				
注释				
F(x)=				
1	16	9	19	37
2	11	15	18	45
3	17	21	14	24
4	22	11	12	15
5	13	13	17	18
6	15	18	26	20

图 3-39　选择数据

2）选择菜单栏中的"绘图"→"统计图"→"箱线图"命令，即可直接生成图 3-40 所示的图表。此时的图形与最终图形差别较大，最终图形无需图例，还需要对坐标轴、图形等进行设置。

3）本示例中无需图例即可明确表达图形的含义，因此直接选中图例，按〈Delete〉键将其删除。

4）单击 X 轴并停留一会，在弹出的浮动工具栏中单击 ⇶ （自动换行）按钮，即可调整文字为自动换行，如图 3-41 所示。此时显示还会有标签重叠问题。

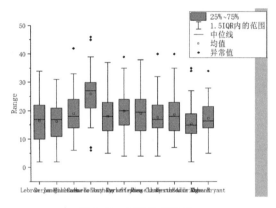

图 3-40　初始图形效果

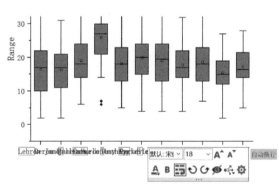

图 3-41　浮动工具栏

5）单击绘图区，在出现控点后拖动左右两侧中间的控点调整横向间隙，直至显示无重叠。此时会发现图形超出了画布。

6）在图形区域右击，在弹出的快捷菜单中选择"调整页面至图层大小"命令，即可弹出图 3-42

图 3-42　"调整页面至图层大小：pfit2l"对话框

所示的对话框，保持该对话框的默认设置，单击"确定"按钮，即可调整画布为恰当的显示状态，如图 3-43 所示。

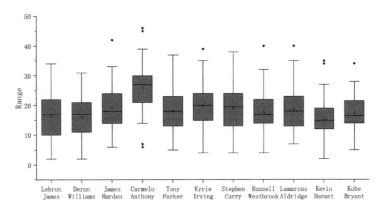

图 3-43 X 轴标签不再重叠

3.2.2 图形修饰调整

1）双击图形区域，弹出"绘图细节-绘图属性"对话框，在对话框左侧选中目录第三级的第一组数据集，确认右侧"组"选项卡中的"编辑模式"为"从属"，如图 3-44 所示，修改该组参数后，其余数据集的参数将随之改变。

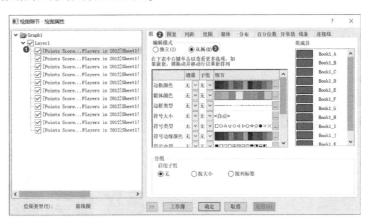

图 3-44 "组"选项卡

2）在"箱体"选项卡中进行设置，如图 3-45 所示。其中，"类型"设置为"箱体［左］＋数据［右］"，取消勾选"异常值"复选框，单击"应用"按钮，此时的图形效果如图 3-46 所示。

说明：在"须线"选项组的范围中可以设置不同的选项，本例选择了"异常值"，注意此处的"系数"为 1.5。

3）在"百分位数"选项卡中取消勾选"平均值"复选框，如图 3-47a 所示，此时箱体中的方框即可删掉，单击"应用"按钮，效果如图 3-47b 所示。

4）调整散点使其更加紧凑。在"数据"选项卡中将"排列点"由"随机"改为"扰动"，如图 3-48a 所示，单击"应用"按钮，效果如图 3-48b 所示。

图 3-45 "箱体"选项卡

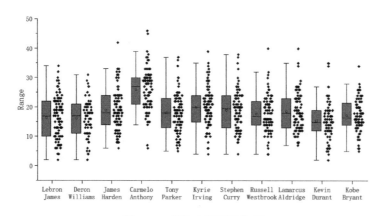

图 3-46 箱体右侧显示数据

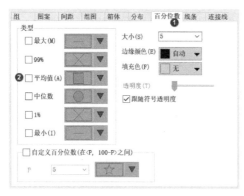

a) "百分位数"选项卡

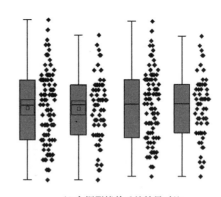

b) 方框删掉前后的效果对比

图 3-47 删掉箱体中的方框

5）调整不同数据集之间的距离，使其区分更为明显。在"间距"选项卡中将"箱体间距"由 20 调整为 40，如图 3-49a 所示，单击"应用"按钮，效果如图 3-49b 所示。

6）箱线图上不显示线帽。在"线条"选项卡中将"线帽长度"调整为 0，如图 3-50a 所示，单击"应用"按钮，效果如图 3-50b 所示。

a)"数据"选项卡

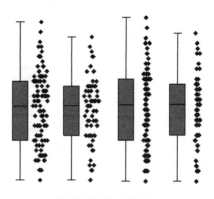

b)排列点设置前后的效果对比

图 3-48　调整排列点

a)"间距"选项卡

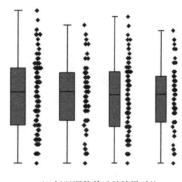

b)间距调整前后的效果对比

图 3-49　调整间距

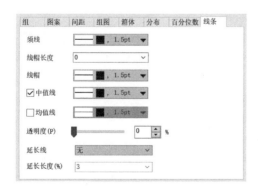

a)"间距"选项卡

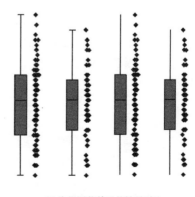

b)线帽调整前后的效果对比

图 3-50　删掉线帽

7）在"图案"选项卡中设置边框及填充颜色，均采用"按曲线"下的 Color4Line，如图 3-51 所示，单击"应用"按钮，此时的效果如图 3-52 所示。至此图形的修饰调整完成。

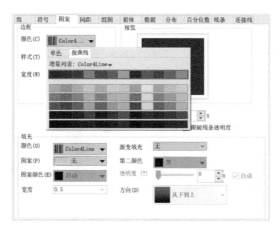

图 3-51　"图案"选项卡

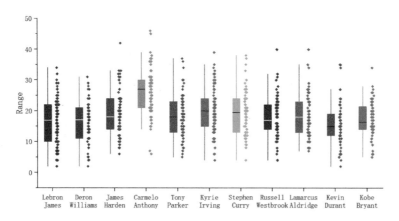

图 3-52　设置箱线图的颜色

3.2.3　坐标轴修饰调整

1）单击 Y 轴标题 Range，将其修改为 Points Scored。

2）单击 Y 轴并停留，在弹出的 Y 轴浮动工具栏中单击 （轴刻度）按钮，如图 3-53 所示，弹出"轴刻度"对话框，修改"起始"及"结束"值，如图 3-54 所示，单击"确定"按钮完成设置。

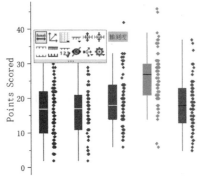

图 3-53　浮动工具栏

图 3-54　"轴刻度"对话框

说明："起始"及"结束"值均有一个 0.1 的小数值，目的是在增加网格线时能够显示网格，否则坐标轴上的网格线将无法显示，读者可自行尝试。

3）在 Y 轴浮动工具栏中单击 ▥▾（显示网格线）按钮，在弹出的菜单中单击 ▥▴（主）按钮，如图 3-55 所示，此时显示 Y 轴网格线，效果如图 3-56 所示。

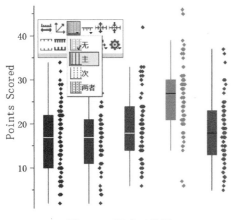

图 3-55　浮动工具栏

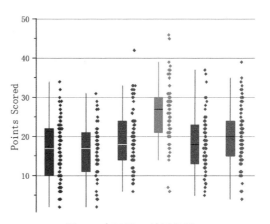

图 3-56　显示 Y 轴网格线

4）隐藏 X 轴、Y 轴轴线。在 Y 轴浮动工具栏中单击 ⊘（隐藏所选对象）按钮，此时会隐藏 Y 轴轴线，同样可以将 X 轴轴线进行隐藏，隐藏轴线后的效果如图 3-57 所示。

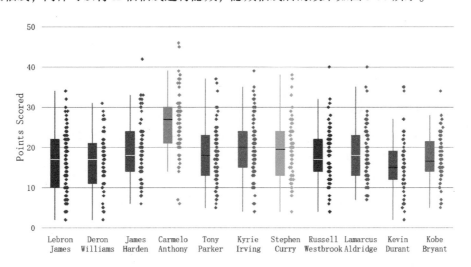

图 3-57　隐藏轴线后的效果

5）选中 Y 轴刻度值，然后按键盘上的向右方向键，将数据向右移动，使其与网格线之间更加紧凑。

6）在画布上右击，在弹出的快捷菜单中选择"添加/修改图层标题"命令，将标题修改为 Points Scored by the Top 11 Players，将其选中后利用键盘中的方向键调整到适当位置。

7）在图形区域右击，在弹出的快捷菜单中选择"调整页面至图层大小"命令，即可弹出图 3-58 所示的对话框，保持该对话框的默认设置，单击"确定"按钮，即可调整画布为恰当的显示状态。图形效果如图 3-59 所示。

图 3-58 "调整页面至图层大小：pfit2l"对话框

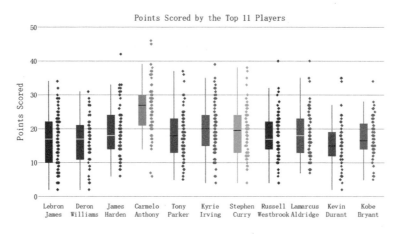

图 3-59 图形效果（异常值）

3.2.4 图形再次修饰调整

1）双击图形区域，弹出"绘图细节-绘图属性"对话框，在对话框左侧选中目录第三级的第一组数据集，确认右侧"组"选项卡中的"编辑模式"为"从属"。

2）在"箱体"选项卡进行设置，如图 3-60 所示。"须线"选项组下的"范围"设置为"最小值-最大值"，"系数"调整为 1，单击"应用"按钮，此时的图形效果如图 3-61 所示。

图 3-60 "箱体"选项卡

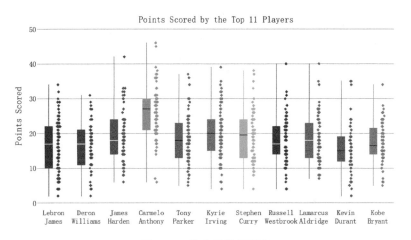

图 3-61　修改须线范围后

3）在"符号"选项卡中进行设置，如图 3-62 所示。将符号修改为圆圈，单击"应用"按钮，此时的图形效果如图 3-63 所示。

图 3-62　"符号"选项卡

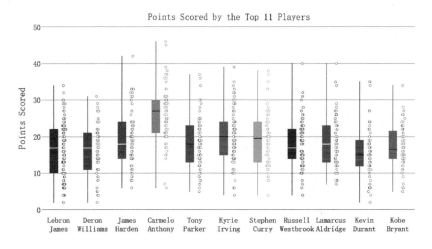

图 3-63　修改散点为圆圈后

3.3　含散点及线条的面积图绘制

下面的示例利用 Preiod Derivate. ogwu 文件中的数据绘制带散点及线条的面积图，数据表如图 3-64 所示，包括三张表：DataPoint、Lines 和 Extra。

操作视频

	A(X1)	B(Y1)	C(X2)	D(Y2)	E(X3)	F(Y3)	G(X4)	H(Y4)	I(X5)	J(Y5)
长名称										
单位										
注释		Binary		SNR associatians		SGR/AXP		"Radio-quiet"		
F(x)=										
1	0.0016	-19.79014	0.03494	-12.38549	5.33773	-10.11511	0.01604	-13.29882	0.00155	-19.02375
2	0.00188	-20.31164	0.03949	-14.22945	5.5235	-10.84693	0.06486	-13.37085	0.00188	-20.00623
3	0.00233	-19.13035	0.04975	-12.33362	6.72427	-10.4378	0.32472	-11.16962	0.00272	-19.21967
4	0.00263	-19.52219	0.05148	-13.13748	7.20046	-12.33362	—	—	0.00389	-20.32893
5	0.00304	-20.84754	0.06598	-12.70818	8.44687	-10.18714	—	—	0.00472	-18.77308
6	0.00309	-20.00623	0.08926	-12.9041	9.07088	-11.72569	—	—	0.00534	-20.6862
7	0.0032	-20.55942	0.1365	-12.11753	11.82485	-10.72304	—	—	0.00554	-19.38102
8	0.00337	-20.09555	0.13885	-12.88681	11.82485	-10.40035	—	—	0.0091	-18.03838
9	0.00343	-20.63145	0.14409	-14.45994	—	—	—	—	0.03494	-14.48011
10	0.00349	-19.00358	0.15741	-11.81501	—	—	—	—	0.03882	-17.73586

DataPoint Lines Extra

图 3-64　数据表（部分）

3.3.1　生成初始图形

1）在数据表 Lines 中，将光标移动到左上角，如图 3-65 所示，当光标变为 ↘ 时单击，即可将所有数据选中。

	A(X1)	B(Y1)	C(Y1)	D(Y1)	E(Y1)	F(Y1)	G(Y1)	H(Y1)	I(Y1)	J(Y1)	K(Y1)	L(Y1)	M(Y1)
长名称			100 kyr	1 Myr	10 Myr	100 Myr			$10\backslash+(10)$ G	$10\backslash+(11)$ G	$10\backslash+(12)$ G	$10\backslash+(13)$ G	
单位													
注释			100 kyr	1 Myr	10 Myr	100 Myr			10^{10} G	10^{11} G	10^{12} G	10^{13} G	
F(x)=													
1	0.001	-14.75	-15.75	-16.75	-17.75	-18.75	-19.75	-20.75	-16	-14	-12	-10	-8.75
2	20	-10.5	-11.5	-12.5	-13.5	-14.5	-15.5	-16.5	-20.25	-18.25	-16.25	-14.25	-13
3													
4													
5													
6													
7													
8													
9													

DataPoint Lines Extra

图 3-65　选择数据

2）添加线条到图表中。选择菜单栏中的"绘图"→"基础 2D 图"→"折线图"命令，即可直接生成图 3-66 所示的图表。选中图例，按〈Delete〉键删除。

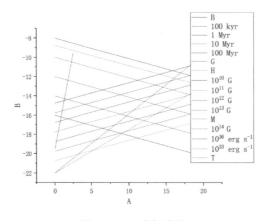

图 3-66　生成折线图

3）双击 Graph1 左上角的图层 1 符号，进入"图层内容：绘图的添加，删除，成组，排序-Layer1"对话框，按住〈Shift〉键的同时单击左侧工作表 DataPoint 中的所有数据集将其选中。

说明：也可以选择菜单栏中的"图"→"图层内容"命令，直接弹出对话框。

4）单击中间的 A· （绘图类型）按钮，将绘图类型修改为"散点图"，然后单击 ➡ （添加）按钮，将数据集添加到图层中，如图 3-67 所示。

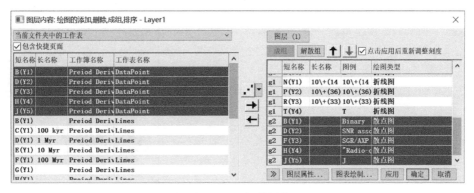

图 3-67　添加数据集

5）单击"确定"按钮，可以发现图形中添加了散点，如图 3-68 所示。散点紧密集中在图形的左侧，需要对其进行调整，即将横坐标修改为对数坐标。

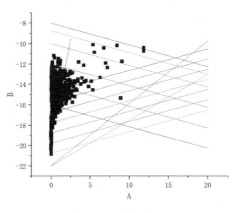

图 3-68　添加散点

3.3.2　坐标轴修饰调整

1）双击 X 轴，弹出"X 坐标轴-图层 1"对话框，在该对话框中可对坐标轴进行设置。在左侧选中"水平"，在右侧"刻度"选项卡中修改"类型"为 Log10，并设置"起始"为 0.001，"结束"为 20，将"调整刻度"选项设置为"固定"，如图 3-69 所示。单击"应用"按钮，完成设置。

说明：设置"固定"能确保在后面的修改中不会自动调整刻度。

2）在对话框左侧选中"垂直"，右侧设置"起始"为-22，"结束"为-9.5，"刻度"调整为"常规"，单击"应用"按钮，完成设置。此时的图形效果如图 3-70 所示。

3）单击 Y 轴并停留，在弹出的 Y 轴浮动工具栏中单击 ⊞（显示相对的轴）按钮，如

图 3-71 所示，在图形右侧添加右 Y 轴。继续通过浮动工具栏将 Y 轴刻度调整为朝内，如图 3-72 所示。

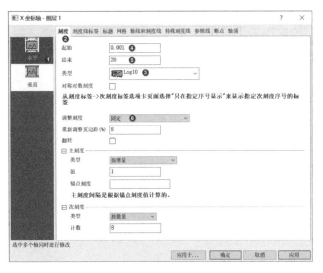

图 3-69　"刻度"选项卡

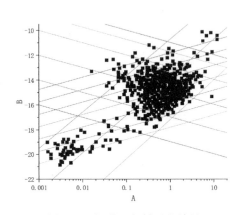

图 3-70　调整坐标轴后的效果

4）同样，单击 X 轴并停留，在弹出的 X 轴浮动工具栏中单击 ⊡（显示相对的轴）按钮，添加上 X 轴，并将 X 轴刻度调整为朝内。调整效果如图 3-73 所示。

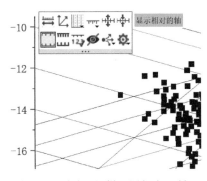

图 3-71　浮动工具栏（添加右 Y 轴）

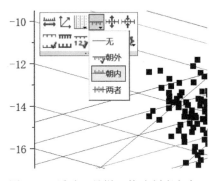

图 3-72　浮动工具栏（修改刻度方向）

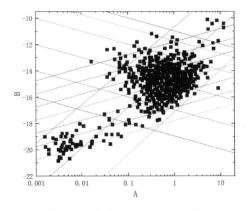

图 3-73　调整坐标轴后的效果

3.3.3 符号点设置

1) 双击符号点，会弹出"绘图细节-绘图属性"对话框，可以发现在左侧选中了符号点的数据集。在右侧"组"选项卡中将"编辑模式"修改为"独立"，以确保针对每个符号单独修改，如图3-74所示。

图 3-74 "绘图细节-绘图属性"对话框

2) 在左侧选中 DataPoint! A(X),B(Y)数据集，右侧设置符号类型、大小、颜色。同样修改其他数据集，如图 3-75 所示。

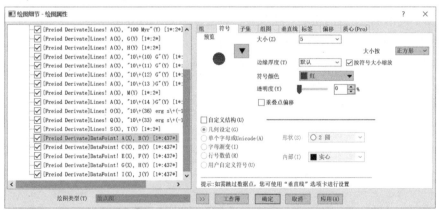

a) DataPoint! A(X), B(Y)数据集

b) DataPoint! C(X), D(Y)数据集

c) DataPoint! E(X), F(Y)数据集

图 3-75 修改数据集符号

d) DataPoint! G(X), H(Y)数据集　　　　　e) DataPoint! I(X), J(Y)数据集

图 3-75　修改数据集符号（续）

3）每次设置完之后，单击"应用"按钮观察设置效果，最后单击"确定"按钮退出对话框，设置效果如图 3-76 所示。

4）下面为两个数据集添加新的数据点符号。双击 Graph1 左上角的图层 1 符号，进入"图层内容：绘图的添加，删除，成组，排序-Layer1"对话框，按住〈Shift〉键的同时单击选中左侧工作表 DataPoint 中的 B（Y1），D（Y2）数据集。

5）单击中间的 A▾（绘图类型）按钮，将绘图类型修改为"散点图"，然后单击 ➡（添加）按钮，将数据集添加到图层中，如图 3-77 所示。单击"确定"按钮，可以发现图表中对应位置又添加了散点，如图 3-78 所示。

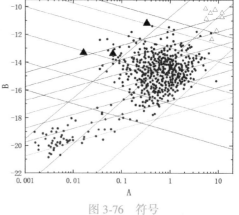

图 3-76　符号

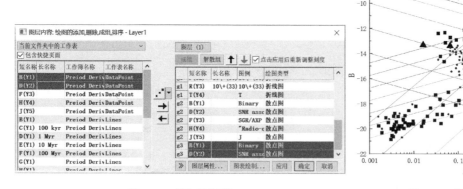

图 3-77　添加数据集　　　　　　图 3-78　添加散点

6）利用上面的方法对新添加的符号进行设置。双击符号点，弹出"绘图细节-绘图属性"对话框，在右侧"组"选项卡中将"编辑模式"修改为"独立"，以确保针对每个符号单独修改。

7）在左侧选中新添加的 DataPoint! A(X),B(Y)数据集，右侧设置符号类型、大小、颜色，如图 3-79 所示。同样修改另一数据集，如图 3-80 所示。

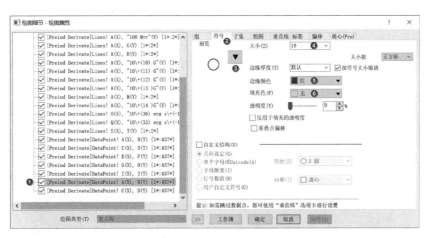

图 3-79 新 DataPoint! A(X),B(Y)数据集设置

图 3-80 新 DataPoint! C(X),D(Y)数据集设置

8）每次设置完之后，单击"应用"按钮观察设置效果，最后单击"确定"按钮退出对话框，此时的效果如图 3-81 所示。

3.3.4 线条样式设置

1）展开 Origin 窗口右侧的"对象管理器"，可以看到上述设置的相关信息，如图 3-82 所示。

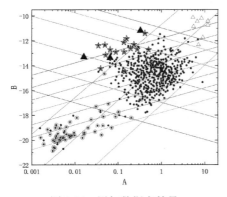

图 3-81 添加数据点符号

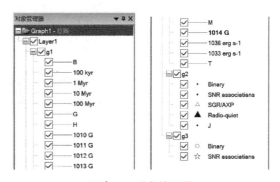

图 3-82 对象管理器

当前对象被分为 g1、g2、g3 三组。其中，g1 组为线条，在管理器中单击某一条线就可以查看该线条在图中的位置，下面将这些线条解散并重新组合为三组。

2）双击图标左上角的图层 1 符号，进入"图层内容：绘图的添加，删除，成组，排序"对话框。

3）在对话框右侧列表中的 g1 组任意行单击，即可选中这一组的所有行。然后单击"解散组"按钮，即可将该组解散，解散前后的列表如图 3-83 所示。

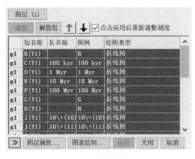

a) 解散前   b) 解散后

图 3-83　解散组

4）按住〈Shift〉键的同时单击选中左侧工作表 DataPoint 中的 B（Y1）～H（Y1）数据集，然后单击"成组"按钮，即可将这 7 条线组成新 g1 组。同样，将 I（Y1）～N（Y1）数据集组成新 g2 组，将 P（Y2）～T（Y4）数据集组成新 g3 组。结果如图 3-84 所示。

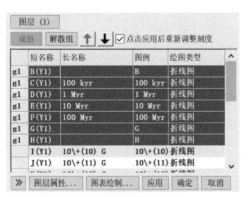 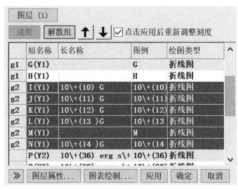

a) 新g1组   b) 新g2组

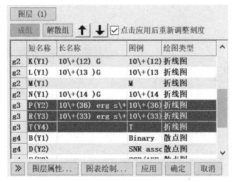

c) 新g3组

图 3-84　组成新组

5）打开"对象管理器"，可以查看当前图层的相关信息，如图 3-85 所示，当前对象被重新组合为 g1~g5 五组。下面分别对三组线条进行样式修改。

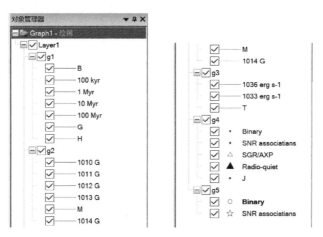

图 3-85　对象管理器

6）在图形窗口双击 g1 组的线条，弹出"绘图细节-绘图属性"对话框，确认"组"选项卡中的"编辑模式"为"从属"，然后进入"线条"选项卡，对线条进行设置，如图 3-86a 所示。同样，对 g2 组线条进行设置，如图 3-86b 所示。g3 组线条设置如图 3-86c 所示。

a) 设置g1组线条属性

b) 设置g2组线条属性　　　　　　　　　　　c) 设置g3组线条属性

图 3-86　设置各组线条属性

7）单击"应用"按钮完成设置，单击"确定"按钮退出对话框，此时的图形线条颜色与类型如图 3-87 所示。

说明 1：当发现线条显示不明显时，可单击"图形"工具栏中的 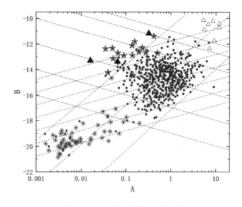（抗锯齿）按钮加以改善。

说明 2：当需要隐藏某一条线时，需要在"绘图细节-绘图属性"对话框的"组"选项卡中将该线条所在组的"编辑模式"修改为"独立"，然后在"线条"选项卡中将"宽度"修改为 0。

图 3-87　修改线条线型

3.3.5　添加线条辅助分区

1）双击 Graph1 左上角的图层 1 符号，进入"图层内容：绘图的添加，删除，成组，排序-Layer1"对话框。

2）在对话框左侧单击相应的数据集，将绘图类型修改为"折线图"，然后单击 ➡（添加）按钮，将数据集添加到图层中，如图 3-88 所示。添加顺序要与图 3-88 中一致。

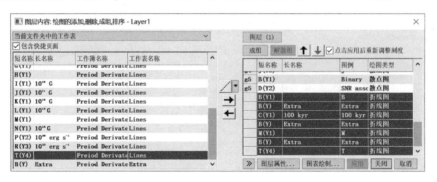

图 3-88　添加线条

3）此时添加的数据集均位于最下方。在新数据集上右击，在弹出的快捷菜单中单击"顶部"即可将数据集移到顶部，如图 3-89 所示。单击"确定"按钮，退出对话框。

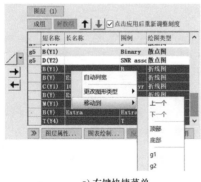

a) 右键快捷菜单　　　　　　　　　　b) 移动后的效果

图 3-89　移动数据集

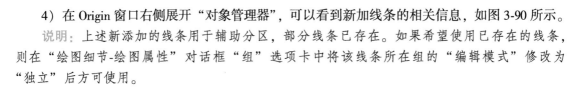

4）在 Origin 窗口右侧展开"对象管理器"，可以看到新加线条的相关信息，如图 3-90 所示。

说明：上述新添加的线条用于辅助分区，部分线条已存在。如果希望使用已存在的线条，则在"绘图细节-绘图属性"对话框"组"选项卡中将该线条所在组的"编辑模式"修改为"独立"后方可使用。

3.3.6 填充图案

1）在"对象管理器"中双击第一条线，弹出"绘图细节-绘图属性"对话框，在"线条"选项卡中进行设置，如图 3-91 所示。

图 3-90　对象管理器　　　　　　　　　　图 3-91　第一条线的设置

2）勾选"启用"复选框后，会出现"图案"选项卡。"图案"选项卡中的设置如图 3-92 所示。单击"应用"按钮完成设置，此时的图形如图 3-93 所示。

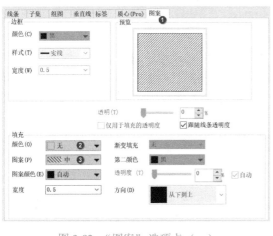
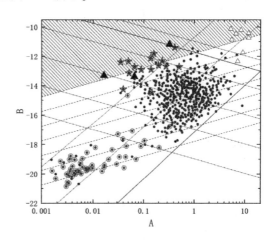

图 3-92　"图案"选项卡（一）　　　　　　图 3-93　图案填充效果（一）

3）继续在对话框左侧列表中选择第三条线，在"线条"选项卡中进行设置，如图 3-94 所示。

4）勾选"启用"复选框后，会出现"图案"选项卡。在"图案"选项卡中设置如图 3-95a 所示。单击"应用"按钮，此时的图形如图 3-95b 所示。

图 3-94　第三条线的设置

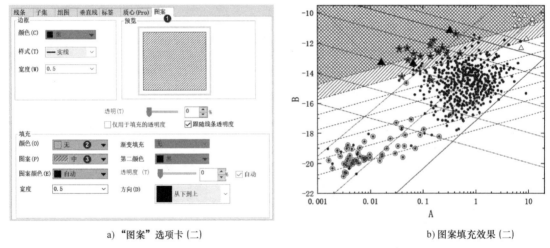

a)"图案"选项卡(二)　　　　　　　　　　　　　　　b)图案填充效果(二)

图 3-95　图案填充设置

5）继续在对话框左侧列表中选择第五条线，在"线条"选项卡中进行设置，如图 3-96 所示。在"图案"选项卡中进行设置，如图 3-97a 所示。单击"应用"按钮，此时的图形如图 3-97b 所示。

图 3-96　第五条线的设置

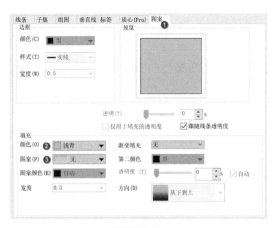
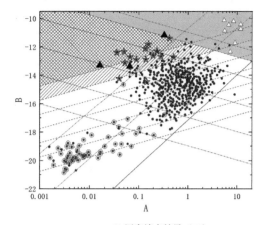

a）"图案"选项卡（三）　　　　　　　　b) 图案填充效果（三）

图 3-97　图案填充设置

6）继续在对话框左侧列表中选择第七条线条，在"线条"选项卡中进行设置，如图 3-98 所示。在"图案"选项卡中进行设置，如图 3-99a 所示，单击"应用"按钮，此时的图形如图 3-99b 所示。

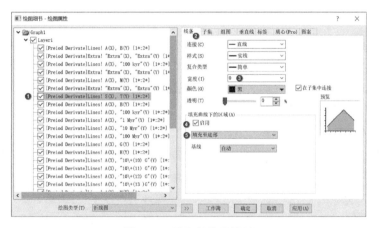

图 3-98　第七条线的设置

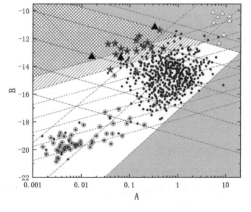

a）"图案"选项卡（四）　　　　　　　　b) 图案填充效果（四）

图 3-99　图案填充设置

3.3.7 添加标签

1）在需要添加标签的线条上双击，弹出"绘图细节-绘图属性"对话框，在"标签"选项卡中进行设置，如图 3-100 所示，其中，"字符串格式"输入%(wcol(n)[L]$)。

图 3-100　标签设置

说明：须先确认"组"选项卡中的"编辑模式"为"从属"，以确保该组内的设置保持一致。

2）在左侧列表中单击该组内的其余线条，然后在右侧的"标签"选项卡中勾选"启用"，无须进行其他设置，如图 3-101 所示。

图 3-101　启用同组其他线条标签

3）设置完成后，单击"应用"按钮，可以发现线条附近增加了文字标签。选中其中的一个标签，拖动或按键盘中的方向键调整位置，如图 3-102 所示。

4）同样，将另外两组线条添加标签，注意 g3 组需要采用"独立"模式单独设置。最终效果如图 3-103 所示。

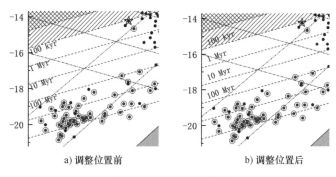

a) 调整位置前　　　　　　　　　　　　b) 调整位置后

图 3-102　调整标签位置

3.3.8　添加图例

1）前面的操作中已将图例删除，下面需要在图中添加图例。单击"添加对象到当前图形窗口"工具栏中的 ▣（重构图例）按钮，即可在图中添加图例，如图 3-104 所示。此时的图例并不是最终需要的，故对其进行修改。

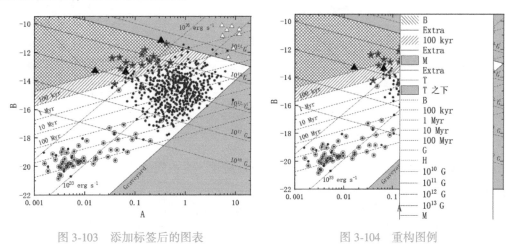

图 3-103　添加标签后的图表　　　　　　　　　图 3-104　重构图例

2）在图例上右击，在弹出的快捷菜单中选择"属性"命令，弹出"文本对象-Legend"对话框，将不需要的图例删除即可，如图 3-105a 所示。同时将"边框"选项卡中的"边框"设置

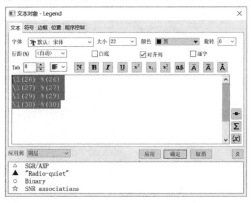

a)"文本"选项卡

b)"边框"选项卡

图 3-105　修改图例

为"无"，如图 3-105b 所示。

3）单击"应用"按钮查看设置效果。满足要求后单击"确定"按钮退出对话框。选中图例后修改其文字大小为 14，效果如图 3-106 所示。

3.3.9 修改轴标题

1）单击 Y 轴标题 B，将其修改为 $\log[$ Preiod derivate $(s\ s^{-1})]$；单击 X 轴标题 A，将其修改为 Period（s），并修改文字大小为 18。

2）在右 Y 轴处添加注释。单击"工具"工具栏中的 **T** （文本）按钮，然后输入 Taken from "Handbook of Pulsar Astronomy" by Lorimer & Kramer，并修改文字大小为 14，并通过浮动工具栏中的 ⟳ （旋转）工具将其旋转到适当位置，此时的图形效果如图 3-107 所示。

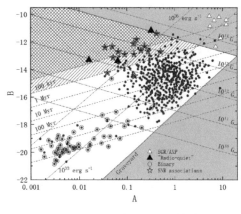
图 3-106 修改图例后的效果

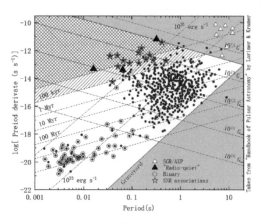
图 3-107 修改轴标题并添加注释

3）单击图形空白区域，在图形周边出现控点后拖动下方中间的控点，调整图形的纵横比，满足要求后松开。

4）在图形区域右击，在弹出的快捷菜单中选择"调整页面至图层大小"命令，即可弹出图 3-108 所示的对话框。保持该对话框的默认设置，单击"确定"按钮，即可调整画布为恰当的显示状态。最终的图形效果如图 3-109 所示。

图 3-108 "调整页面至图层大小：pfit2l"对话框

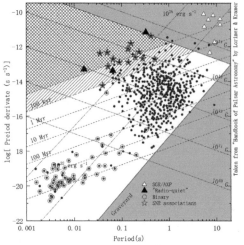
图 3-109 最终图形效果

3.4 弦图绘制

下面的示例利用 Mobile Phone Brand Switching Behavior. ogwu 文件中的数据绘制弦图，数据表如图 3-110 所示。

3.4.1 生成初始图形

1）将光标移动到数据表左上角，当光标变为 ↘ 时单击，选中所有数据，即选中 A（X）、C（Y）、B（Y）三列数据。

2）选择菜单栏中的"绘图"→"分组图"→"弦图"命令，即可直接生成图 3-111 所示的图表。

操作视频

	A(X)	B(Y)	C(Y)
长名称	Previous P	Current Ph	Data
单位			
注释			
F(x)=			
类别	未排序	未排序	
1	Samsung	Samsung	0.2925
2	Apple	Samsung	0.0195
3	Huawei	Samsung	0.0117
4	Other Andr	Samsung	0.0663
5	Samsung	Apple	0.0224
6	Apple	Apple	0.2816

◄ ► \StackCols1/

图 3-110 数据表（部分）

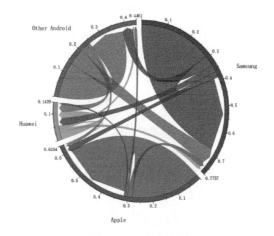

图 3-111 生成弦图

3.4.2 图形修饰调整

1）双击图形区域，弹出"绘图细节-绘图属性"对话框，在对话框左侧选中数据集，设置右侧"节点"选项卡中的"节点宽度""节点与连接线起点间的间隙"等参数，如图 3-112 所示，单击"应用"按钮，此时的图形效果如图 3-113 所示。

图 3-112 "节点"选项卡

2）在"布局"选项卡中设置参数，如图 3-114 所示，单击"应用"按钮，此时的图形效果如图 3-115 所示。

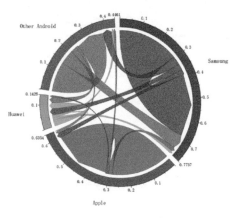

图 3-113　节点调整效果

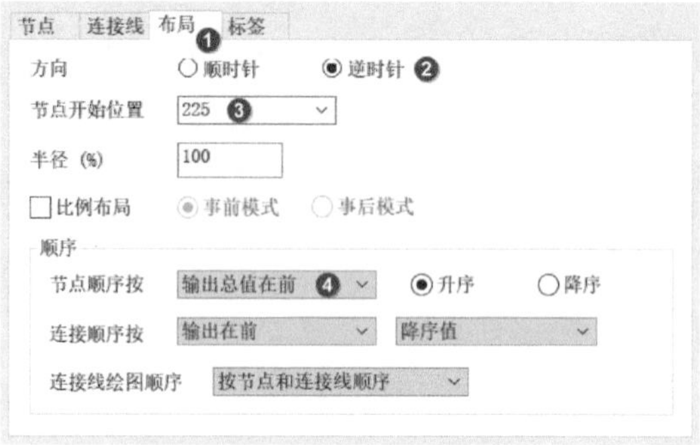

图 3-114　"布局"选项卡

3）在"标签"选项卡中对"标题""刻度线标签""线和刻度"等选项组进行设置，如图 3-116 所示。其中，"标题"中的"字体"内字体大小设置为 18，"旋转"选择"角度"；"刻度线标签"中的字体大小设置为 14。单击"应用"按钮，此时的图形效果如图 3-117 所示。设置满意后，单击"确定"按钮退出对话框。

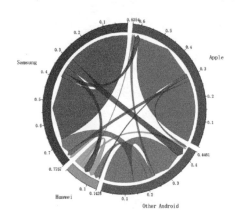

图 3-115　布局调整效果

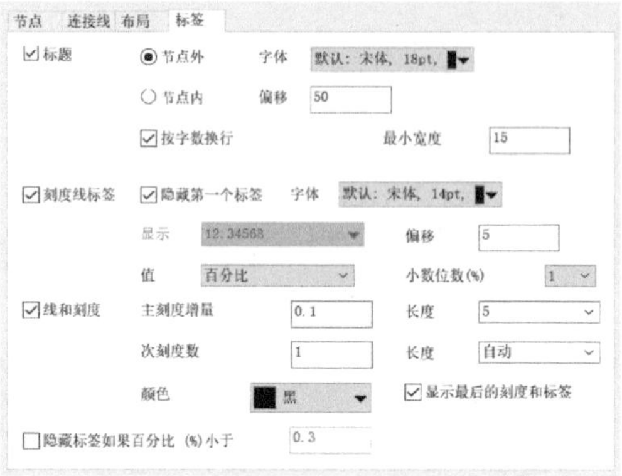

图 3-116　"标签"选项卡

说明：如果选择"节点内"单选按钮，图形效果如图 3-118 所示。

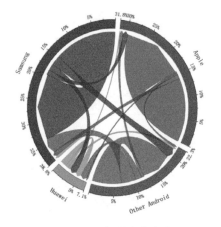

图 3-117　标题在节点外

图 3-118　标题在节点内

3.4.3 添加图题

1）在画布上右击，在弹出的快捷菜单中选择"添加/修改图层标题"命令，将标题修改为 Mobile Phone Brand Switching Behavior，将其选中后利用键盘中的方向键调整到适当位置。

2）在图形区域右击，在弹出的快捷菜单中选择"调整页面至图层大小"命令，即可弹出图 3-119 所示的对话框，保持该对话框的默认设置，单击"确定"按钮，即可调整画布为恰当的显示状态。最终的图形效果如图 3-120 所示。

图 3-119 "调整页面至图层大小：pfit2l"对话框 　　图 3-120 最终图形效果

3.5 冲积图绘制

下面的示例利用 Montana Economic Outlook Poll. ogwu 文件中的数据绘制冲积图，数据表如图 3-121 所示。

	A(X)	B(Y)	C(Y)	D(Y)	E(Y)	F(Y)	G(Y)	H(Y)
长名称	ID	Age	Sex	Yearly Income	Political Orientat	Area	Financial Statu	State Economic
单位								
注释								
F(x)=								
类别				"Over $35K" 20	未排序	未排序	升序	未排序
1	1	55 and over	Male	20-35$K	Independent	Western	Same	Better
2	2	35-54	Male	Over $35K	Republican	Western	Better	Better
3	4	55 and over	Female	20-35$K	Democrat	Western	Worse	Not Better
4	7	55 and over	Female	Under $20K	Republican	Southeastern	Worse	Better
5	8	Under 35	Male	Under $20K	Republican	Northeastern	Worse	Better
6	12	55 and over	Female	Under $20K	Republican	Northeastern	Same	Not Better
7	13	35-54	Male	20-35$K	Democrat	Southeastern	Better	Not Better
8	15	55 and over	Male	Over $35K	Republican	Southeastern	Better	Better
9	16	55 and over	Male	Over $35K	Democrat	Southeastern	Worse	Better
10	18	55 and over	Female	20-35$K	Democrat	Southeastern	Same	Better

操作视频

图 3-121 数据表（部分）

3.5.1 生成初始图形

1）将光标移动到数据表上方，在 D(Y) 上按住鼠标并拖动到 H(Y)，将 D(Y)～H(Y) 五列数据选中。

2）选择菜单栏中的"绘图"→"分组图"→"冲积图"命令，即可直接生成图 3-122 所示的图表。

3）选择菜单栏中的"查看"→"对象管理器"命令，在窗口右侧打开"对象管理器"，通过拖动鼠标调整顺序，调整前后如图 3-123 所示。调整完成后得到图 3-124 所示的图形。

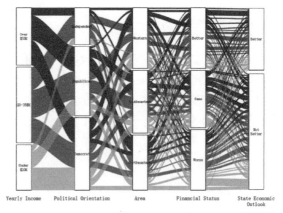

图 3-122　生成冲积图

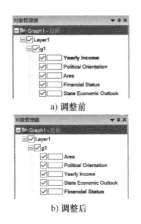

a）调整前

b）调整后

图 3-123　调整前后的"对象管理器"

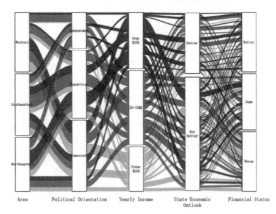

图 3-124　调整对象顺序后的冲积图

3.5.2　图形修饰调整

1）双击冲积图，在弹出的"绘图细节-绘图属性"对话框中选择"组"选项卡，在"节点填充颜色"中设置为"逐个"，如图 3-125 所示，单击"应用"按钮，此时图形如图 3-126 所示。

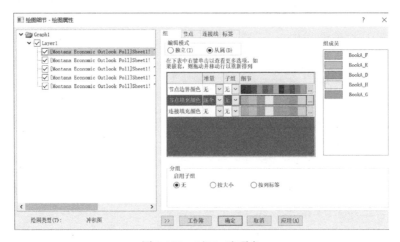

图 3-125　"组"选项卡

2）在"连接线"选项卡中将"填充颜色"设置为"使用源节点的颜色"，"连接分类按照"设置为"包括颜色（如果存在）的所有类别"，如图 3-127 所示。单击"应用"按钮，此时图形如图 3-128 所示。

说明：如果将"填充颜色"设置为"从起点到目标的渐变色"，则图形效果如图 3-129 所示。

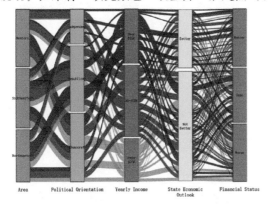

图 3-126　调整节点填充颜色后的冲积图

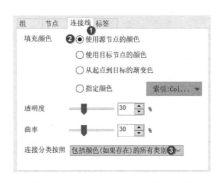

图 3-127　"连接线"选项卡设置

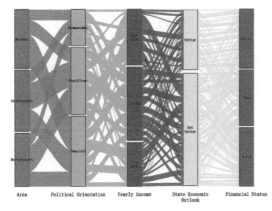

图 3-128　冲积图（使用源节点的颜色）

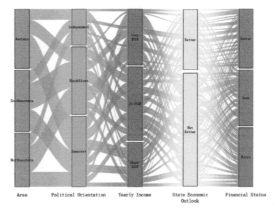

图 3-129　冲积图（渐变效果）

3）在"标签"选项卡中对"显示节点标签"进行设置，同时勾选"显示绘图标签"并对其进行设置，如图 3-130 所示，单击"应用"按钮，此时图形如图 3-131 所示。

图 3-130　标签设置

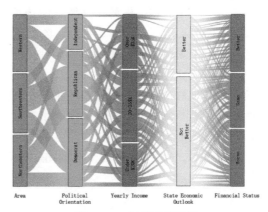

图 3-131　标签设置效果

4）在"节点"选项卡中对"节点宽度""节点间的间隙"进行设置，如图 3-132 所示，单击"应用"按钮，此时图形如图 3-133 所示。

图 3-132　节点设置

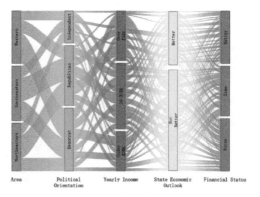

图 3-133　节点设置效果

5）增加百分比。在"标签"选项卡中勾选"总数值"复选框，并选择"百分比"进行显示，如图 3-134 所示。单击"应用"按钮，此时图形如图 3-135 所示。

图 3-134　显示百分比总数值设置

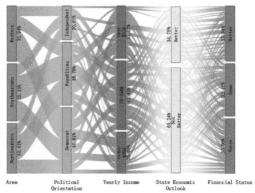

图 3-135　百分比设置效果

3.5.3　添加图题

1）在画布上右击，在弹出的快捷菜单中选择"添加/修改图层标题"命令，将标题修改为 Montana Economic Outlook Poll，将其选中后利用键盘中的方向键调整到适当位置。

2）在图形区域右击，在弹出的快捷菜单中选择"调整页面至图层大小"命令，保持弹出对话框的默认设置，单击"确定"按钮，即可调整画布为恰当的显示状态。最终绘制的图形如图 3-136 所示。

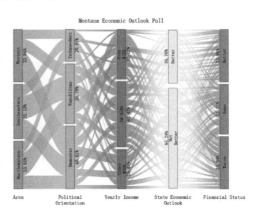

图 3-136　最终图形效果

3.6　等高线矢量图绘制

下面的示例利用 Contour Plot with Vector Overlay-Contour Data. ogmu 文件中矩阵表的数据绘制等高线。并利用 Contour Plot with Vector Overlay-Vector XYAM. ogwu 文件中的工作表数据绘制矢量图，其中 A（X）、B（Y）列指定矢量的起始位置，C（Y）列指定角度，D（Y）列指定矢量的幅度，也即箭头长度。数据表如图 3-137 所示。

	1	2	3	4	5	6
1	-0.1531	0.1378	0.06639	-0.05629	0.1438	-0.141
2	-0.1313	0.01862	0.1676	0.1134	-0.1928	-0.3866
3	-0.3447	-0.07407	0.08136	-0.01666	-0.1087	-0.2299
4	-0.138	-0.03276	0.1353	-0.03859	0.05109	0.1715
5	-0.1768	-0.01972	0.1151	-0.02903	-0.09142	-0.2329
6	-0.1803	-0.1165	0.01122	-0.1262	-0.1656	-0.1816
7	-0.06644	-0.05371	-0.08601	-0.03189	0.06622	-0.04272
8	-0.08448	-0.01093	-0.01772	0.03484	0.1474	0.09239
9	-0.09329	-0.02005	-0.09298	0.02196	0.1233	0.1751

◀ ▶ \MSheet1\

a）矩阵表数据

	A(X)	B(Y)	C(Y)	D(Y)
长名称	Time	Height		
单位	Hrs	m		
注释				
1	0	10	3.7104	15.27342
2	0	20	4.70041	16.14446
3	0	30	3.86033	19.3042
4	0	40	4.19779	7.49974
5	0	50	4.5734	12.17074
6	0	60	2.78231	12.24032
7	0	70	4.30709	14.34219
8	0	80	3.80369	7.90286
9	0	90	3.76815	6.40798

◀ ▶ \Sheet1\

b）工作表数据

图 3-137　数据表（部分）

3.6.1　生成初始图形

1）将矩阵表置前，将光标移动到数据表左上角，如图 3-138 所示。当光标变为 ◥ 时右击，在弹出的快捷菜单中选择"设置矩阵行列数/标签"命令，弹出"矩阵的行列数和标签"对话框，将映射行/列均设置为 1~10，如图 3-139 所示。

操作视频

图 3-138　右键快捷菜单　　　图 3-139　"矩阵的行列数和标签"对话框

说明： 也可以选择菜单栏中的"矩阵"→"行列数/标签的设置"命令进行设置。

2）在矩阵表标题栏上右击，在弹出的快捷菜单中选择"显示 X/Y"命令，如图 3-140 所示，此时可以显示 X、Y 值，如图 3-141 所示。绘图时采用该 X、Y 值。

图 3-140　右键快捷菜单　　　　　　　　　　图 3-141　显示 X、Y 值

3）选择矩阵表中的所有数据，并选择菜单栏中的"绘图"→"等高线图"→"等高线图-颜色填充"命令，即可直接生成图 3-142 所示的图表。

3.6.2　设置等级

1）在图形上单击鼠标并停留，弹出图 3-143 所示的浮动工具栏，单击 ┼┼┼（设置级别）按钮，即可弹出"设置级别"对话框。

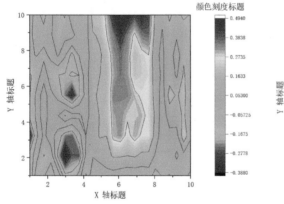
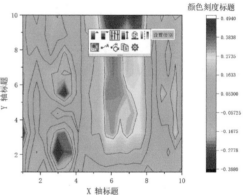

图 3-142　生成等高线图　　　　　　　　　　图 3-143　浮动工具栏

2）在对话框中设置级别为从-0.388 到 0.494（单击下方的"查找组最小值/最大值"按钮可直接输入），"增量"为 0.08，"次级别数"为 8，如图 3-144 所示。单击"确定"按钮完成设置，此时的图形如图 3-145 所示。

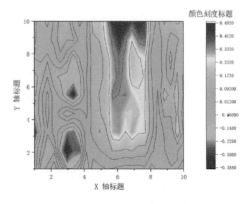

图 3-144　"设置级别"对话框　　　　　　　　图 3-145　设置级别后的效果

说明：此时等高线有所加密，读者可以根据需要调整级别数，以调整等高线的密度。

3.6.3 调整颜色

在图形上单击鼠标并停留，弹出图 3-146 所示的浮动工具栏，单击 🎨（调色板）按钮即可弹出"调色板"选项面板，单击选择 Temperature 即可，此时的图表如图 3-147 所示。

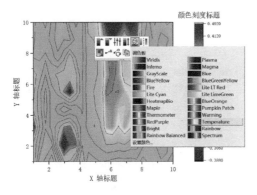

图 3-146 "调色板"选项面板

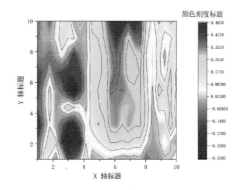

图 3-147 设置颜色后的效果

3.6.4 修改颜色标尺

1）调整颜色标尺。在颜色标尺上单击并停留，在弹出的浮动工具栏中单击 🔢（小数位数）按钮，在弹出的下拉菜单中选择 2，此时的颜色标尺显示位数变为 2，如图 3-148 所示。

2）双击颜色标尺，弹出"色阶控制-Layer1"对话框，在左侧选中"布局"，在右侧设置"背景"为"黑线"，如图 3-149 所示，单击"应用"按钮确认设置。

3）继续在左侧选中"标题"，在右侧"标题"文本框中输入标题内容，并修改字体大小，如图 3-150 所示，单击"应用"按钮确认设置。

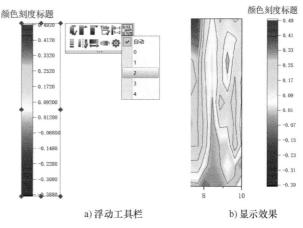

a）浮动工具栏　　b）显示效果

图 3-148 调整标尺数值显示位数

图 3-149 布局设置

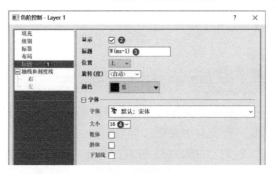

图 3-150 标题设置

说明：此处的标题不能设置上、下标，需要在图形窗口中通过"格式"工具栏进行修改。

4）继续在左侧选中"轴线和刻度线"，在右侧取消勾选"显示边框"复选框，如图 3-151 所示，单击"应用"按钮确认设置。

5）继续在左侧选中"轴线和刻度线"下的"右"，设置"线条"下的"粗细"为 0，以隐藏右侧的刻度线，如图 3-152 所示，单击"应用"按钮确认设置。

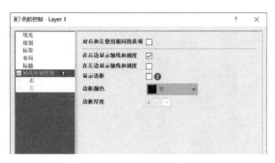

图 3-151　边框设置

图 3-152　刻度线设置

6）设置完成后单击"确定"按钮退出对话框。选中标尺标题中的 -1，然后单击"格式"工具栏中的 x^2（上标）按钮。

7）单击颜色标尺，出现控点后拖动上方中间的控点，调整标尺的高度。

8）将坐标轴的标题删除，图形效果如图 3-153 所示。

3.6.5　生成初始矢量图

1）将工作表置前，将光标移动到数据表左上角，当光标变为 ↘ 时单击选中所有数据。

2）选择菜单栏中的"绘图"→"专业图"→"XYAM 矢量图"命令，即可直接生成图 3-154 所示的图表。

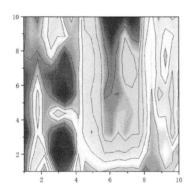

图 3-153　标尺调整效果

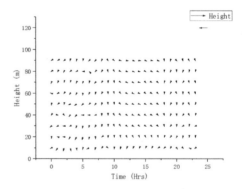

图 3-154　生成矢量图

3.6.6　矢量图坐标轴调整

1）双击 X 坐标轴，弹出"X 坐标轴-图层 1"对话框，确认左侧选择了"水平"。在右侧"刻度"选项卡中设置"起始"为 1、"结束"为 10，"主刻度"→"类型"为"按增量"，"值"为 1，如图 3-155 所示，单击"应用"按钮确认设置。

2）同样，在左侧选择"垂直"，在右侧"刻度"选项卡中设置"起始"为 5、"结束"为

95，"主刻度" → "类型" 为 "按增量"，值为 10，如图 3-156 所示，单击 "应用" 按钮确认设置。

图 3-155 X 轴刻度设置

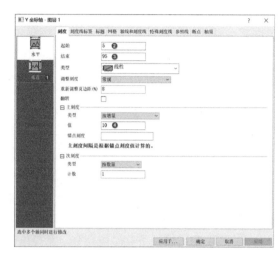

图 3-156 Y 轴刻度设置

3）进入 "轴线和刻度线" 选项卡，在左侧选中 "上轴"，在右侧勾选 "显示轴线和刻度线" 复选框，同时将主刻度与次刻度样式设置为 "朝内"，如图 3-157 所示，单击 "应用" 按钮确认设置。

4）同样，在左侧选中 "右轴"，在右侧勾选 "显示轴线和刻度线" 复选框，同时将主刻度与次刻度样式设置为 "朝内"，如图 3-158 所示，单击 "应用" 按钮确认设置。

图 3-157 上 X 轴刻度设置

图 3-158 右 Y 轴刻度设置

5）设置完成后单击 "确定" 按钮退出对话框。此时的图形效果如图 3-159 所示。

3.6.7 矢量图图形调整

1）双击图形区域的矢量图，弹出 "绘图细节-绘图属性" 对话框，在 "矢量" 选项卡中设置箭头的属性，如图 3-160 所示，单击 "应用" 按钮确认设置。

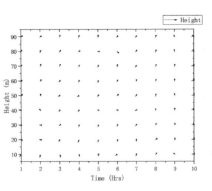

图 3-159　坐标轴设置效果

图 3-160　"矢量"选项卡

2）设置满足要求后，单击"确定"按钮退出对话框。此时的图形效果如图 3-161 所示。可以发现部分箭头超出了坐标轴。

3）在图形区域单击并停留片刻，在弹出的浮动工具栏中单击 （将落在边框上的数据点剪切掉）按钮，在下拉列表中选择"剪裁至图层边框"命令，如图 3-162 所示，剪裁后的图形效果如图 3-163 所示。

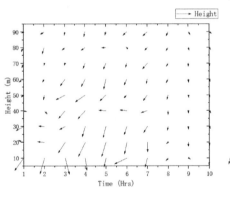

图 3-161　矢量设置效果

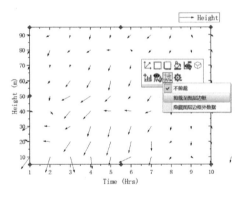

图 3-162　浮动工具栏

3.6.8　修改矢量图图例

双击图例，修改并将其移动到合适的位置，通过浮动工具栏将边框隐藏，如图 3-164 所示。

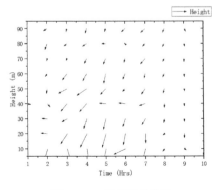

图 3-163　裁剪后的效果

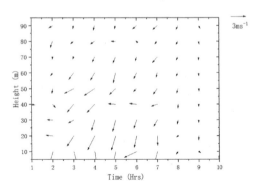

图 3-164　修改矢量图图例效果

3.6.9 合并图形

1）选择菜单栏中的"图"→"合并图表"命令，即可弹出"合并图表：merge_graph"对话框，在对话框中选择要合并的图，并设置排列方式，这里设置为 1 行 1 列，如图 3-165 所示。

2）设置完成后单击"确定"按钮退出对话框，此时的图形效果如图 3-166 所示。可以发现图中两幅图的坐标轴有重叠，需要隐藏和调整。

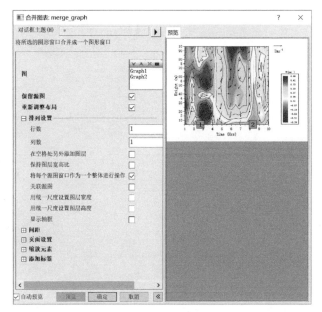

图 3-165　"合并图表：merge_graph"对话框

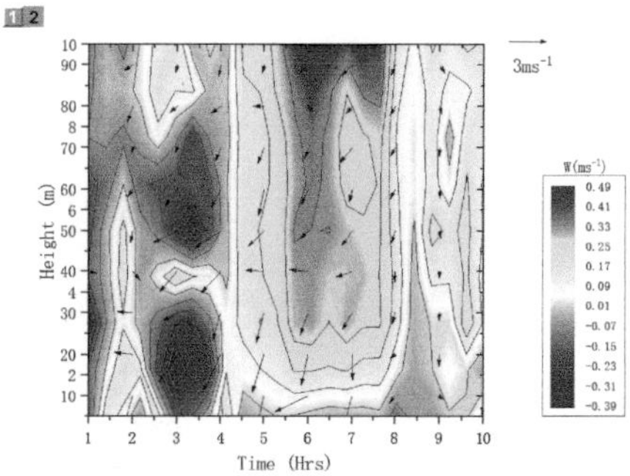

图 3-166　合并图形效果

3）单击图层 1 中的 Y 轴数据并停留，会弹出图 3-167 所示的浮动工具栏，单击 （隐藏所选对象）按钮可以将所选对象隐藏。

4）调整图例至合适的位置，最终的图形效果如图 3-168 所示。

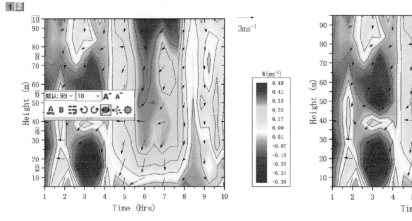

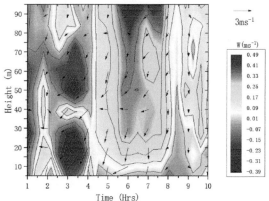

图 3-167　浮动工具栏

图 3-168　最终图形效果

说明：合并图时，通常需要设置图层关联。图层关联是在"绘图细节-图层属性"对话框的"关联坐标轴刻度"选项卡中进行设置，如图 3-169 所示。这里不再赘述。

图 3-169　关联坐标轴刻度

第4章 三维图绘制

在科技论文数据的展示中，除二维图外还经常用到三维图，以便更简洁地展示数据所表达的含义。前面两章详细讲解了二维图的绘制，本章讲解在 Origin 中进行三维图绘制的操作步骤。相比二维图，三维图主要是多了 Z 轴数据，因此三维图与二维图的绘制思路基本相同。对本章的学习可以帮助读者掌握三维图的绘制方法。

4.1　3D 散点图绘制

下面的示例利用 Fuel Economy. ogwu 文件中的数据绘制 3D 散点图，数据表如图 4-1 所示，其中，A(X)、B(Y)、C(Z)三列分别为散点坐标，D(Y)列用于控制散点的颜色，E(Y)列用于控制散点的大小。

	A(X)	B(Y)	C(Z)	D(Y)	E(Y)
长名称	0-60 mph	Gas Mileage	Power	Weight	Engine Displacement
单位	sec	mpg	kW	kg	cc
注释					Radius and Colormap
1	14	11	132	2238	5736.5
2	12	11	154	2324	5212
3	13	10	158	1531	5900.4
4	10	12	132	2088	6277.4
5	12	12	121	1202	5736.5
6	10	14	106	1417	5736.5
7	14	13	95	1661	5031.7
8	14	12	132	2208	5736.5
9	13	12	128	1412	5736.5
10	17	13	124	1518	5900.4

图 4-1　数据表（部分）

操作视频

4.1.1　生成初始图形

1）将光标移动到数据表上方，在 A(X)上按住鼠标并拖动到 C(Z)，从而将 A(X)、B(Y)、C(Z)三列数据选中，如图 4-2 所示。

	A(X)	B(Y)	C(Z)	D(Y)	E(Y)
长名称	0-60 mph	Gas Mileage	Power	Weight	Engine Displacement
单位	sec	mpg	kW	kg	cc
注释					Radius and Colormap
1	14	11	132	2238	5736.5
2	12	11	154	2324	5212
3	13	10	158	1531	5900.4
4	10	12	132	2088	6277.4
5	12	12	121	1202	5736.5
6	10	14	106	1417	5736.5
7	14	13	95	1661	5031.7
8	14	12	132	2208	5736.5
9	13	12	128	1412	5736.5
10	17	13	124	1518	5900.4

图 4-2　选中数据列

2）选择菜单栏中的"绘图"→"3D"→"3D 散点图"命令，即可直接生成图 4-3 所示的图表。

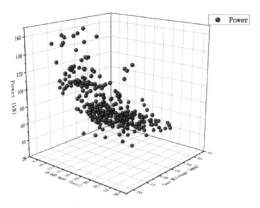

图 4-3　生成 3D 散点图

4.1.2　修饰散点

1）双击图形区域中的散点，弹出"绘图细节-绘图属性"对话框，在左侧选中"原始数据"，在右侧"符号"选项卡中进行图 4-4 所示的设置，单击"应用"按钮确认设置。此时的图形效果如图 4-5 所示。

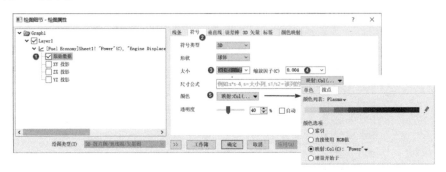

图 4-4　"符号"选项卡

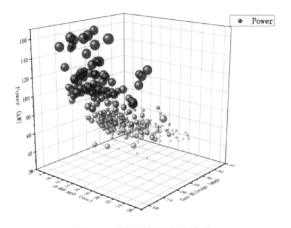

图 4-5　设置符号后的效果

2）在"颜色映射"选项卡中进行设置，如图 4-6 所示。单击列表中的"级别"可弹出图 4-7 所示的"设置级别"对话框；单击"填充"可弹出图 4-8 所示的"填充"对话框。

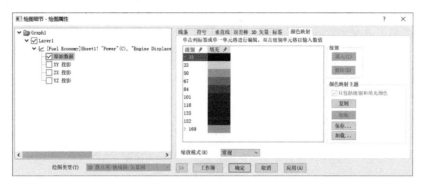

图 4-6　"颜色映射"选项卡

图 4-7　"设置级别"对话框

图 4-8　"填充"对话框

说明：此处用于设置颜色级别，读者根据需要修改即可，观察设置效果时，可单击"应用"按钮。限于篇幅此处不再赘述。

4.1.3　添加投影

1）在"绘图细节-绘图属性"对话框左侧勾选"XY 投影""ZX 投影""YZ 投影"复选框，单击"应用"按钮确认设置，此时的图形效果如图 4-9 所示。

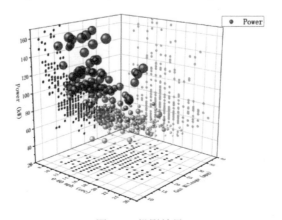

图 4-9　投影效果

2）在"符号"选项卡中可以设置投影散点的颜色，这里采用默认设置。如图 4-10 所示。

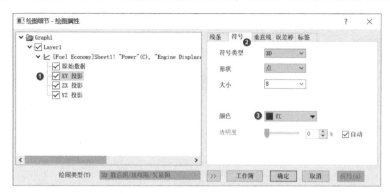

图 4-10　投影散点颜色设置

4.1.4　坐标轴角度设置

1）在"绘图细节-绘图属性"对话框左侧选中 Layer1，此时对话框名称变为"绘图细节-图层属性"。

2）在右侧"坐标轴"选项卡中即可对 X、Y、Z 坐标轴的长度、角度进行设置，如图 4-11 所示，单击"应用"按钮确认设置，此时的图形效果如图 4-12 所示。

图 4-11　坐标轴角度设置

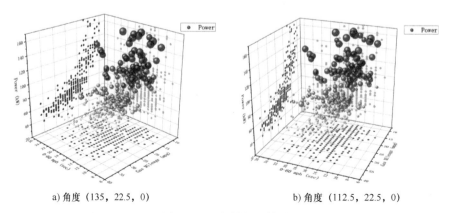

a）角度（135，22.5，0）　　　　　　　　b）角度（112.5，22.5，0）

图 4-12　坐标轴设置效果

4.1.5 光照效果设置

继续在"绘图细节-图层属性"对话框中的"光照"选项卡中进行设置,如图 4-13 所示,单击"应用"按钮确认设置,此时效果如图 4-14 所示。设置完成后单击"确定"按钮退出对话框。

图 4-13 "光照"选项卡

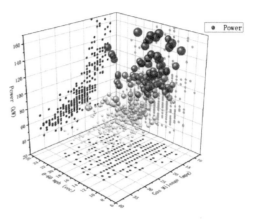

图 4-14 光照效果

4.1.6 坐标轴设置

1)双击坐标轴,弹出坐标轴设置对话框,在对话框中的"刻度"选项下根据显示需要依次对 X 轴、Y 轴、Z 轴的"刻度"进行设置,如图 4-15a 所示,单击"应用"按钮确认设置。

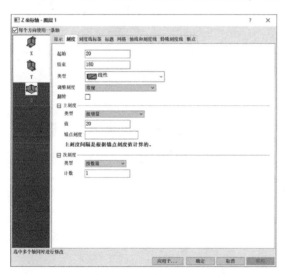

a)"刻度"标签

b)"刻度线"标签

图 4-15 坐标轴设置

2)在"刻度线标签"选项卡中可对刻度线的显示方式进行设置(这里不再赘述),如图 4-15b 所示,单击"应用"按钮确认设置,此时效果如图 4-16 所示。设置完成后单击"确定"按钮退出对话框。

4.1.7　添加颜色标尺

1）选中图标题，然后按〈Delete〉键将其删除。

2）单击"添加对象到当前图形窗口"工具栏中的 ▨（添加颜色标尺）按钮，即可在图形区域添加颜色标尺，如图 4-17 所示。可以发现颜色标尺已超出画布界限。

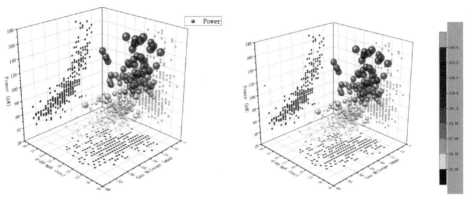

图 4-16　坐标轴设置效果　　　　　　图 4-17　添加颜色标尺

3）在图形区域右击，在弹出的快捷菜单中选择"调整页面至图层大小"命令，即可弹出图 4-18 所示的对话框，保持该对话框的默认设置，单击"确定"按钮，即可调整画布为恰当的显示状态。此时的图形效果如图 4-19 所示。

 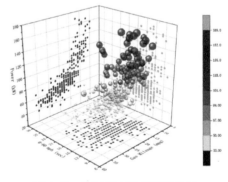

图 4-18　"调整页面至图层大小：pfit2l"对话框　　　图 4-19　调整画布后的图形效果

4）双击颜色标尺会弹出"色阶控制"对话框，在"级别"选项卡中进行图 4-20 所示设置。在"标题"选项卡中勾选"显示"复选框。

a）"级别"选项卡　　　　　　　　　　b）"标题"选项卡

图 4-20　"色阶控制"对话框

5）在"标签"选项卡中调整标签显示为十进制，小数位数为 1，字体大小设置为 14，单击"应用"按钮确认设置，此时效果如图 4-21 所示。设置完成后单击"确定"按钮退出对话框。

4.1.8 添加文本说明

1）单击"工具"工具栏中的 **T** （文本工具）按钮，然后在图形窗口左下方单击，并输入"注：散点大小与发电机排量成正比。"并将其字体大小调整为 18。

2）拖动文本至合适的位置。最终图形效果如图 4-22 所示。

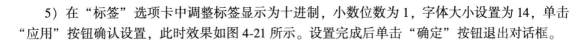

图 4-21 修改颜色标尺后的效果   图 4-22 最终图形效果

4.2 双平面 3D 散点图绘制

下面的示例利用自行构建的数据绘制双平面 3D 散点图，数据表如图 4-23 所示，需要绘制的图形数据需要 A(X)、B(Y)、C(Z) 三列。

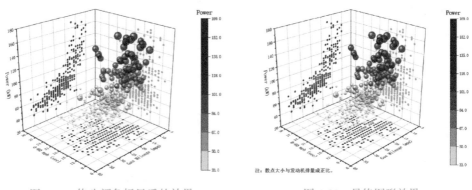

	A(X)	B(Y)	C(Z)	
长名称				
单位				
注释				
F(x)=	i*0.15	i*0.25	sin(A)-cos(B)	
1	0.15	0.25	-0.81947	
2	0.3	0.5	-0.58206	
3	0.45	0.75	-0.29672	
4	0.6	1	0.02434	
5	0.75	1.25	0.36632	
6	0.9	1.5	0.71259	
7	1.05	1.75	1.04567	
8	1.2	2	1.34819	

操作视频

图 4-23 数据表（部分）

4.2.1 生成数据及初始图形

1）新工作簿中仅显示 A(X)、B(Y)，选择菜单栏中的"列"→"添加新列"命令，即可弹出"添加新列"对话框，输入 1，表示在工作表中添加一列，如图 4-24 所示。

说明：工作表默认为 32 行数据。

2）在 A(X) 列的"F(x)="行输入 i*0.15，B(Y) 列的"F(x)="行输入 i*0.25，C(Y) 列的"F(x)="行输入 sin(A)-cos(B)，输入结束后会在工作表中自动填入数据，如图 4-25a 所示。

a)"添加新列"对话框　　　　　　　b)添加新列后的工作表

图 4-24　添加新列

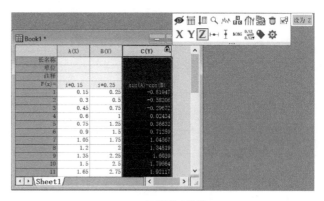

a) 自动填入数据　　　　　　　　　　　　　b) 浮动工具栏

图 4-25　生成数据

3）在 C(Y) 列上单击，在弹出的浮动工具栏中单击 **Z**（设为 Z）按钮，如图 4-25b 所示，即可将 C(Y) 修改为 C(Z)。

4）将光标移动到数据表上方，在 A(X) 上按住鼠标并拖动到 C(Z)，将 A(X)、B(Y)、C(Z) 三列数据选中。选择菜单栏中的"绘图"→"3D"→"3D 轨线图"命令，即可直接生成图 4-26 所示的图表。

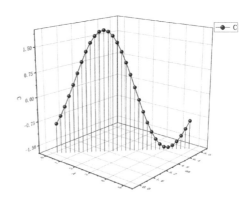

图 4-26　生成初始图形

4.2.2　设置 XY 面位置

1）双击图形周边区域的空白位置，弹出"绘图细节-图层属性"对话框，在左侧确认选中 Layer1。

2）在右侧"平面"选项卡中勾选 XY 复选框，并设置"在 = 的位置"为"0"，继续勾选下方的 XY 复选框，如图 4-27 所示，单击"应用"按钮确认设置。此时的图形效果如图 4-28

所示。

图 4-27 "平面"选项卡

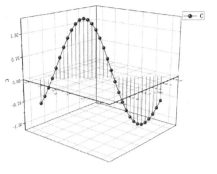

图 4-28 调整平面

说明：当第二个 XY 平面出现在上方时，可通过设置第二个 XY 的位置为"从底部 0% 开始"来将其调整到底部。

3）此时所有的面上都有网格线。取消勾选网格线下方的第 2~4 个复选框，如图 4-29 所示，单击"应用"按钮确认设置。

a)"网格线"复选框

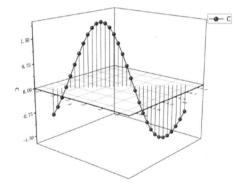

b) 去掉网格线的效果

图 4-29 网格线设置

4）在"坐标轴"选项卡中选择"全在屏幕平面"单选按钮，单击"应用"按钮，此时的图形效果如图 4-30 所示。

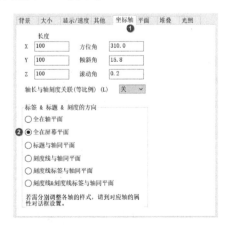

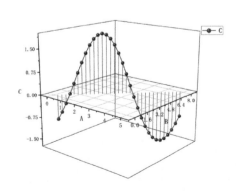

图 4-30 设置标签/标题/刻度显示方式

4.2.3 添加投影

1）在"绘图细节-绘图属性"对话框左侧勾选"XY 投影""ZX 投影""YZ 投影"复选框，单击"应用"按钮确认设置，此时的图形效果如图 4-31 所示。

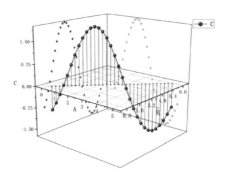

a）投影设置   b）投影效果（散点）

图 4-31 投影到平面

2）在左侧勾选"ZX 投影"复选框，在右侧"线条"选项卡中勾选"连接散点"复选框，"颜色"设置为"绿色"，单击"应用"按钮确认设置。在"垂直线"选项卡中勾选"平行于 Z 轴"复选框，单击"应用"按钮确认设置，如图 4-32 所示。

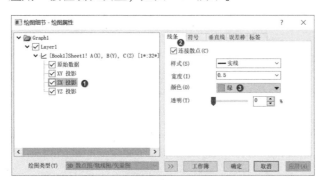

a）"线条"选项卡

b）"垂直线"选项卡

图 4-32 ZX 投影设置

3）同样，在左侧勾选"YZ 投影"复选框，在右侧"线条"选项卡中勾选"连接散点"复选框，"颜色"设置为"蓝色"；在"垂直线"选项卡中勾选"平行于 Z 轴"复选框，单击

"应用"按钮确认设置，此时的图形效果如图 4-33 所示。

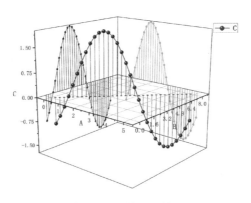

图 4-33　最终图形效果

4.3　带投影的 3D 曲面图绘制

操作视频

下面的示例利用 Heat Transfer Data of Full-body Warming System. ogmu 文件中的数据绘制 3D 曲面图，数据表为一矩阵表，如图 4-34 所示。

4.3.1　生成初始图形

选中所有数据，选择菜单栏中的"绘图"→"3D"→"带投影的 3D 颜色映射曲面图"命令，即可直接生成图 4-35 所示的图表。

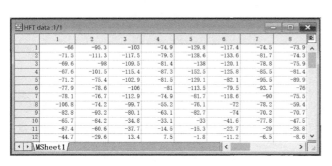

图 4-34　数据表（部分）

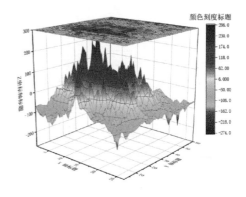

图 4-35　生成初始图形

4.3.2　调整投影面位置

1）在上方的投影曲面上双击，弹出"绘图细节-绘图属性"对话框，在左侧确认选中对应的数据集。

2）在右侧的"曲面"选项卡中调整显示的位置，如图 4-36 所示，单击"应用"按钮确认设置，即可将投影图移动到底部平面，如图 4-37 所示。

3）在"颜色映射/等高线"选项卡中取消勾选"启用等高线"复选框，在"网格"选项卡中取消勾选"启用"复选框，如图 4-38 所示，单击"应用"按钮确认设置，图形效果如图 4-39 所示。

图 4-36 "曲面"选项卡

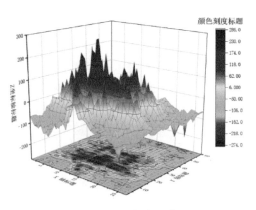

图 4-37 调整投影面位置

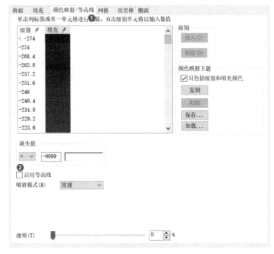

a) "颜色映射/等高线"选项卡

b) "网格"选项卡

图 4-38 取消等高线和网格线

4）在左侧选中另一数据集，并在"颜色映射/等高线"选项卡中取消勾选"启用等高线"复选框，在"网格"选项卡中取消勾选"启用"复选框，单击"应用"按钮确认设置，图形效果如图 4-40 所示。

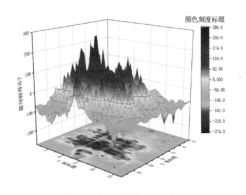

图 4-39 图形效果（一）

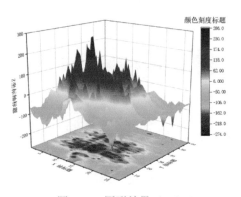

图 4-40 图形效果（二）

4.3.3 添加光照效果

1）在左侧选中 Layer1 图层，即可对图层进行设置，此时的对话框标题"绘图细节-绘图属性"变为"绘图细节-图层属性"。

2）在"光照"选项卡中进行设置，选择"模式"下的"定向光"单选按钮，如图 4-41 所示，单击"应用"按钮确认设置，此时效果如图 4-42 所示。设置完成后单击"确定"按钮退出对话框。

图 4-41 "光照"选项卡

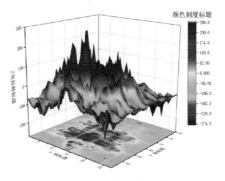

图 4-42 光照效果

4.3.4 调整颜色标尺

1）双击颜色标尺会弹出"色阶控制"对话框，在"级别"选项卡中进行图 4-43a 所示的设

a）"级别"选项卡

b）"标题"选项卡

c）"轴线和刻度线"选项卡

d）"标签"选项卡

图 4-43 "色阶控制"对话框

置；在"标题"选项卡中取消勾选"显示"复选框，如图4-43b所示。

2）在"轴线和刻度线"选项卡中取消勾选图4-43c所示的复选框；在"标签"选项卡中调整标签显示为十进制，小数位数为1，字体大小为14，如图4-43d所示。

3）单击"应用"按钮确认设置，此时效果如图4-44所示。设置完成后单击"确定"按钮退出对话框。

4.3.5 修改轴标题

1）双击轴标题，对轴标题进行修改。其中，X轴标题修改为Width(m)，Y轴标题修改为Length(m)，Z轴标题修改为Heat Flux(watts/m^2)。

2）双击图形区域周边的空白处，弹出"绘图细节-图层属性"对话框，在"坐标轴"选项卡中选择"标题与轴同平面"单选按钮，如图4-45所示，单击"应用"按钮，此时的图形效果如图4-46所示。

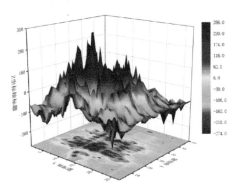

图 4-44　修改颜色标尺后的效果

图 4-45　设置坐标轴显示方式

4.3.6 添加图题

1）在画布上右击，在弹出的快捷菜单中选择"添加/修改图层标题"命令，将标题修改为Full-body Warming System Heat Transfer Profile，将其选中后利用键盘中的方向键调整到适当位置。

2）在图形区域右击，在弹出的快捷菜单中选择"调整页面至图层大小"命令，保持弹出对话框的默认设置，单击"确定"按钮，即可调整画布为恰当的显示状态。最终的图形效果如图4-47所示。

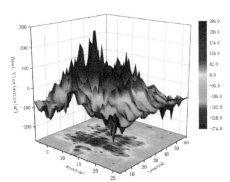

图 4-46　轴标题调整效果

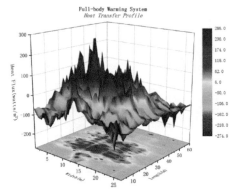

图 4-47　最终图形效果

4. 4 带误差棒的 3D 曲面图绘制

下面的示例利用 3D Surface with Error Bars. ogmu 文件中的数据绘制 3D 曲面图，数据表为一矩阵表，如图 4-48 所示。

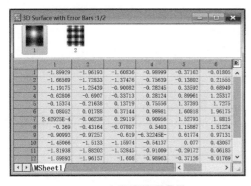

a) 曲面图矩阵数据   b) 误差棒矩阵数据

图 4-48 数据表（部分）

4.4.1 生成初始图形

将矩阵表 1 置前，选择菜单栏中的"绘图"→"3D"→"带误差棒的 3D 颜色映射曲面图"命令，即可直接生成图 4-49 所示的图表。

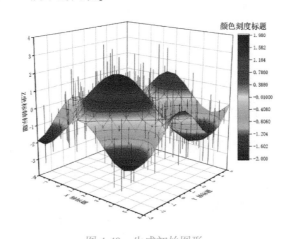

操作视频

图 4-49 生成初始图形

该图颜色基本满足需求，读者也可以根据自己的需求进行调整，这里不再赘述。

4.4.2 调整误差棒

1）在图形上双击，弹出"绘图细节-绘图属性"对话框，在左侧确认选中了对应的数据集。

2）在右侧的"误差棒"选项卡中调整误差棒的显示样式，其中，"线帽"设置为"X Y线"，如图 4-50 所示，单击"应用"按钮确认设置，效果如图 4-51 所示。

图 4-50 "误差棒"选项卡

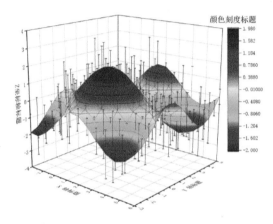

图 4-51 误差棒设置效果

4.4.3 设置 XY 面位置

1）双击图形周边区域的空白位置，弹出"绘图细节-图层属性"对话框，在左侧确认选中 Layer1。

2）在右侧"平面"选项卡中勾选 XY 复选框，并设置"在 = 的位置"为 0，如图 4-52 所示，单击"应用"按钮确认设置。此时的图形效果如图 4-53 所示。

图 4-52 "平面"选项卡

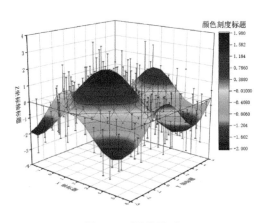

图 4-53　调整平面

4.4.4　修改轴标题

1）双击轴标题，将 X 轴标题修改为 X，Y 轴标题修改为 Y，Z 轴标题修改为 Z。

2）双击图形周边区域的空白位置，弹出"绘图细节-图层属性"对话框，在"坐标轴"选项卡中选择"标题与轴同平面"单选按钮，如图 4-54 所示，单击"应用"按钮，此时的图形效果如图 4-55 所示。

图 4-54　设置坐标轴显示方式

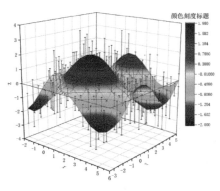

图 4-55　轴标题调整效果

4.4.5　调整颜色标尺

1）双击颜色标尺会弹出"色阶控制"对话框，在"级别"选项卡中进行图 4-56a 所示的设置；在"标题"选项卡中勾选"显示"复选框，如图 4-56b 所示。

2）在"轴线和刻度线"选项卡中勾选图 4-56c 所示的复选框；在"标签"选项卡中调整标签显示为十进制，小数位数为 3，字体大小为 14，如图 4-56d 所示。

3）单击"应用"按钮确认设置，此时效果如图 4-57 所示。设置完成后单击"确定"按钮退出对话框。

a)"级别"选项卡　　　　　　　　　　　b)"标题"选项卡

c)"轴线和刻度线"选项卡　　　　　　　d)"标签"选项卡

图 4-56　"色阶控制"对话框

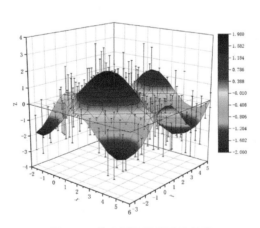

图 4-57　修改颜色标尺后的效果

4.4.6　添加光照效果

1）双击图形区域，弹出"绘图细节-绘图属性"对话框，在左侧选中 Layer1，即可对图层进行设置。

2）在"光照"选项卡中进行设置，选择"模式"下的"定向光"单选按钮，如图 4-58 所示，单击"应用"按钮确认设置，此时效果如图 4-59 所示。设置完成后单击"确定"按钮退出对话框。

图 4-58 "光照"选项卡

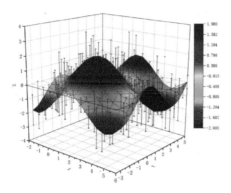

图 4-59 光照效果

说明：三维图的绘制操作大同小异，读者根据上面提供的示例即可掌握 3D 图形的绘制方法。

第**5**章　统计图绘制

统计图是表现统计数据大小和变化的各种图形的总称，具有形象化和具体化的特点，能概括和准确地表述统计资料，在经济管理、科学研究和医学数据分析中具有广泛的应用。统计图包括条形图、曲线图、圆形图、象形图、桥图、谱系图等。实际上前面讲解的图形都属于统计图，在此无须严格区分。

在 Origin 中，统计图的绘制包括利用绘图模板绘制、利用 App 绘制以及在通过统计分析命令生成的报表中直接绘制三种，本章通过几个典型示例来讲解如何在 Origin 中进行统计图绘制。

5.1　边际分布曲线图绘制

下面的示例利用 Automobile Data. ogwu 文件中的数据绘制边际分布曲线图，数据表如图 5-1 所示。

操作视频

	A(yEr±)	B(Y)	C(X)	D(Y)	E(Y)	F(Y)	G(Y)
长名称	Year	Make	Power	0~60 mph	Weight	Gas Mileage	Engine Displacement
单位			kw	sec	kg	mpg	cc
注释							
Plot Data			Plot Data			Plot Data	
迷你图							
1	1992	Buick	132	14	2238	11	5736.5
2	1992	Acura	154	12	2324	11	5212
3	1992	GMC	158	13	1531	10	5900.4
4	1992	Chrysler	132	10	2088	12	6277.4
5	1992	Kia	121	12	1202	12	5736.5
6	1992	Suzuki	106	10	1417	14	5736.5
7	1992	Volvo	95	14	1661	13	5031.7
8	1992	Mercedes	132	14	2208	12	5736.5
9	1992	Acura	128	13	1412	12	5736.5
10	1992	Isuzu	124	17	1518	13	5900.4
11	1992	Mazda	110	10	1810	13	5212
12	1992	Lexus	116	14	1899	13	5752.9

图 5-1　数据表（部分）

5.1.1　数据筛选

1）在工作表中选择 A 列，选择菜单栏中的"列"→"数据筛选器"→"添加或移除数据筛选器"命令，即可在 A 列的左上角添加一个 ▼（筛选器）标志。

2）在筛选器上单击，在弹出的图 5-2 所示快捷菜单中选择"之间"命令，即可弹出"之间"对话框，"起始"与"结束"分别设为 1992、1996，如图 5-3 所示，单击"确定"按钮筛选出所需数据。

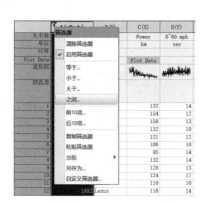

图 5-2 快捷菜单 图 5-3 "之间"对话框

3）按住〈Ctrl〉键单击选中 C（X）、E（Y）两列，并在其上右击，在弹出的图 5-4 所示快捷菜单中选择"复制列到"命令，弹出"复制列到：colcopy"对话框，按图 5-5 所示进行设置，完成后单击"确定"按钮，即可生成新的工作表，如图 5-6 所示。

图 5-4 快捷菜单

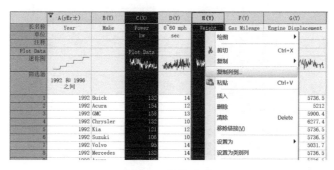

图 5-5 "复制列到：colcopy"对话框

图 5-6 生成新的工作表

4）单击刚筛选出的数据列上方的 🔒（数据锁）按钮，在弹出的下拉菜单中选择"工作表筛选：锁定"命令，将数据锁定，锁定后的数据会出现"筛选器"行，如图 5-7 所示。

5）继续筛选出 1997—2000、2001—2004 年的 C（X）、E（Y）列数据新建另外两个工作表，最终工作簿含有 4 张工作表，如图 5-8 所示。

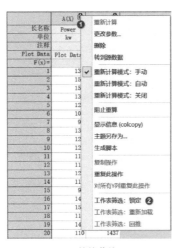

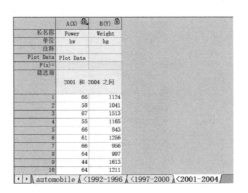

a) 快捷菜单   b) 锁定后的工作表

图 5-7 锁定数据

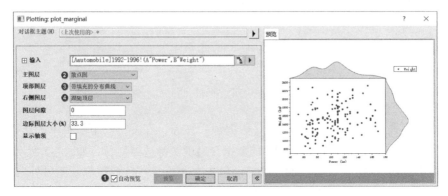

图 5-8 筛选结束后的工作簿

5.1.2 生成初始图形

1）将 1992-1996 工作表置前，并选中 A（X）、B（Y）两列数据。选择菜单栏中的"绘图"→"统计图"→"组边际图"命令，即可弹出 Plotting：plot_marginal 对话框。

2）在对话框中，首先勾选下方的"自动预览"复选框，然后设置主图层、顶部图层、右侧图层的图形类型，如图 5-9 所示，单击"确定"按钮，即可生成图 5-10 所示的图表。

图 5-9 Plotting：plot_marginal 对话框

说明：选中数据后选择菜单栏中的"绘图"→"统计图"→"边际直方图"命令，可以直接生成边际直方图，如图 5-11 所示。后面的操作在带填充的边际曲线图中进行美化操作。

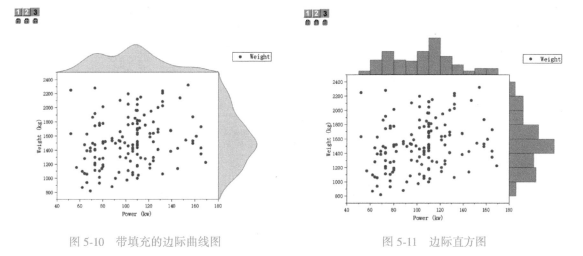

图 5-10　带填充的边际曲线图　　　　　　　　图 5-11　边际直方图

5.1.3　生成统计数据工作表

1) 双击顶部图层中的曲线，弹出"绘图细节-绘图属性"对话框，在"数据"选项卡中确认勾选了"隐藏区间"复选框，同时在"分格工作表"中勾选"添加分布曲线数据"复选框，如图 5-12 所示。

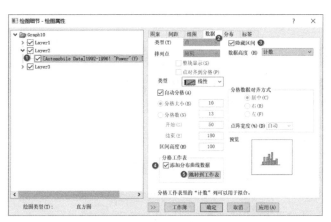

图 5-12　"绘图细节-绘图属性"对话框

2) 单击"跳转到工作表"按钮，即可返回工作表，如图 5-13 所示，在工作表中可以看到相关统计信息。

3) 同样，单击右侧图层中的曲线，弹出"绘图细节-绘图属性"对话框，在"数据"选项卡中确认勾选了"隐藏区间"复选框，同时在"分格工作表"中勾选"添加分布曲线数据"复选框。

4) 单击"跳转到工作表"按钮，即可返回工作表，如图 5-14 所示，在工作表中可以看到相关统计信息。

利用这些统计数据可以绘制散点图，这里不再赘述。同样，对 1997-2020、2001-2004 工作表也可通过上述方式获得不同分布曲线的散点数据。

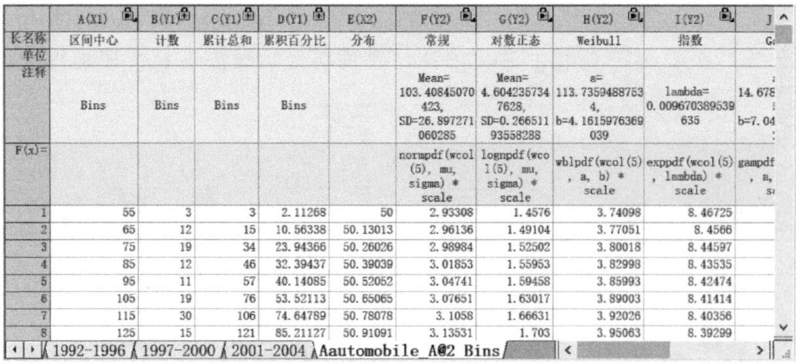

A(X1)	B(Y1)	C(Y1)	D(Y1)	E(X2)	F(Y2)	G(Y2)	H(Y2)	I(Y2)	J
长名称 区间中心	计数	累计总和	累积百分比	分布	常规	对数正态	Weibull	指数	G
单位									
注释 Bins	Bins	Bins	Bins		Mean= 103.40845070 423, SD=26.897271 060285	Mean= 4.604235734 7628, SD=0.266511 93558288	a= 113.7359488753 4, b=4.1615976369 039	lambda= 0.009670389539 635	14.678 b=7.04
F(x)=					normpdf(wcol (5), mu, sigma) * scale	lognpdf(wco l(5), mu, sigma) * scale	wblpdf(wcol(5) , a, b) * scale	exppdf(wcol(5) , lambda) * scale	gampdf , s,
1	55	3	3	2.11268	50	2.93308	1.4576	3.74098	8.46725
2	65	12	15	10.56338	50.13013	2.96136	1.49104	3.77051	8.4566
3	75	19	34	23.94366	50.26026	2.98984	1.52502	3.80018	8.44597
4	85	12	46	32.39437	50.39039	3.01853	1.55953	3.82998	8.43535
5	95	11	57	40.14085	50.52052	3.04741	1.59458	3.85993	8.42474
6	105	19	76	53.52113	50.65065	3.07651	1.63017	3.89003	8.41414
7	115	30	106	74.64789	50.78078	3.1058	1.66631	3.92026	8.40356
8	125	15	121	85.21127	50.91091	3.13531	1.703	3.95063	8.39299

1992-1996 / 1997-2000 / 2001-2004 \ Aautomobile_A@2 Bins

图 5-13　统计数据工作表（一）

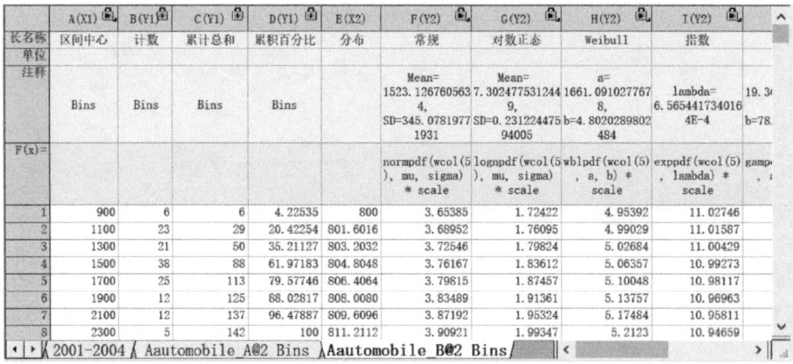

A(X1)	B(Y1)	C(Y1)	D(Y1)	E(X2)	F(Y2)	G(Y2)	H(Y2)	I(Y2)
长名称 区间中心	计数	累计总和	累积百分比	分布	常规	对数正态	Weibull	指数
单位								
注释 Bins	Bins	Bins	Bins		Mean= 1523.126760563 4, SD=345.0781977 1931	Mean= 7.302477531244 9, SD=0.231224475 94005	a= 1661.091027767 8, b=4.8020289802 484	lambda= 6.565441734016 4E-4 b=78.	19.3
F(x)=					normpdf(wcol(5), mu, sigma) * scale	lognpdf(wcol(5), mu, sigma) * scale	wblpdf(wcol(5), a, b) * scale	exppdf(wcol(5) , lambda) * scale	gamp ,
1	900	6	6	4.22535	800	3.65385	1.72422	4.95392	11.02746
2	1100	23	29	20.42254	801.6016	3.68952	1.76095	4.99029	11.01587
3	1300	21	50	35.21127	803.2032	3.72646	1.79824	5.02684	11.00429
4	1500	38	88	61.97183	804.8048	3.76167	1.83612	5.06357	10.99273
5	1700	25	113	79.57746	806.4064	3.79815	1.87457	5.10048	10.98117
6	1900	12	125	88.02817	808.0080	3.83489	1.91361	5.13757	10.96963
7	2100	12	137	96.47887	809.6096	3.87192	1.95324	5.17484	10.95811
8	2300	5	142	100	811.2112	3.90921	1.99347	5.2123	10.94659

2001-2004 / Aautomobile_A@2 Bins \ Aautomobile_B@2 Bins

图 5-14　统计数据工作表（二）

5.1.4　添加图形

1）将图形窗口置前，选择菜单栏中的"图"→"图表绘制"命令，弹出"图表绘制：设置图层中的数据绘图"对话框，按照图 5-15 所示步骤进行设置，向图层 1 中添加 1997-2000 工作表数据。

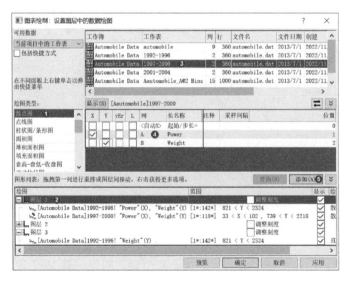

图 5-15　向图形窗口添加数据（一）

2）单击"应用"按钮，此时的图形效果如图 5-16a 所示。继续向图层 1 中添加 2001-2004 工作表数据，单击"应用"按钮，此时的图形效果如图 5-16b 所示。

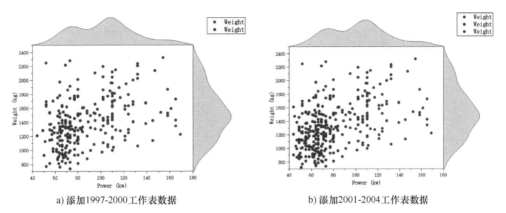

a) 添加1997-2000工作表数据　　　　　　　　b) 添加2001-2004工作表数据

图 5-16　添加数据后的图形

3）在对话框中向图层 2 添加 Power 列数据，如图 5-17 所示。

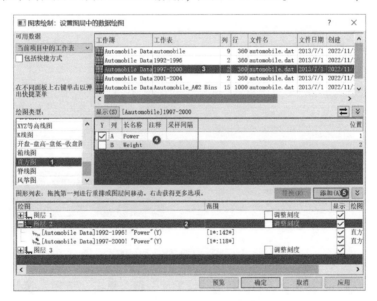

图 5-17　向图形窗口添加数据（二）

4）向图层 3 中添加 Weight 列数据。设置完成后，"绘图"列数据如图 5-18 所示。单击"确定"按钮，此时的图形如图 5-19 所示。

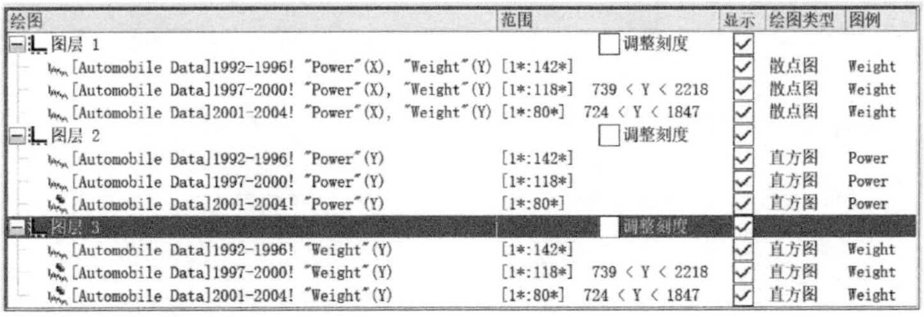

图 5-18　"绘图"列数据

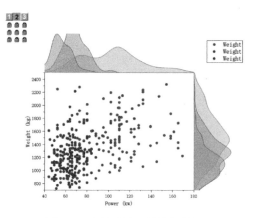

图 5-19   添加数据后的图形效果

5.1.5   数据重组

1）选择菜单栏中的"图"→"图层内容"命令，弹出"图层内容：绘图的添加，删除，成组，排序-Layer1"对话框，单击"Layer（2）"按钮贴换至"Layer（1）"，并在右侧列表中按住〈Ctrl〉键选中三组数据，单击"成组"按钮，即可将三组数据合为一组，如图 5-20 所示。单击"应用"按钮，此时的图形效果如图 5-21 所示。

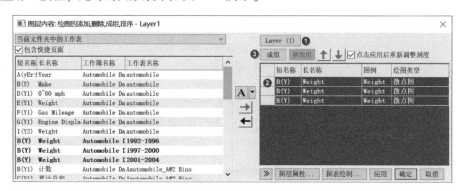

图 5-20   切换图层并合并组

2）贴换至图层 2，将图层 2 上的三条曲线设置为一组，单击"应用"按钮，此时的图形效果如图 5-22 所示。

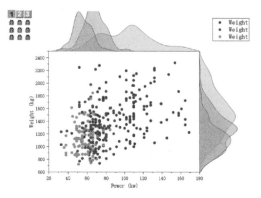

图 5-21   图层 1 上数据成组后的图形

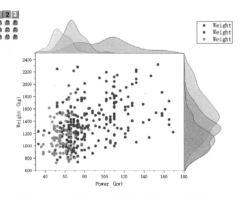

图 5-22   图层 2 上数据成组后的图形

3）切换至图层 3，将图层 3 上的三条曲线设置为一组，单击"应用"按钮，此时的图形效果如图 5-23 所示。单击"关闭"按钮，退出对话框。

5.1.6 调整曲线类型

1）双击顶部图层中的曲线，弹出"绘图细节-绘图属性"对话框，在"分布"选项卡的"曲线类型"下由 Kernel Smooth 调整为"对数正态"。

2）单击"应用"按钮，此时的图形效果如图 5-24 所示。单击"确定"按钮，退出对话框。

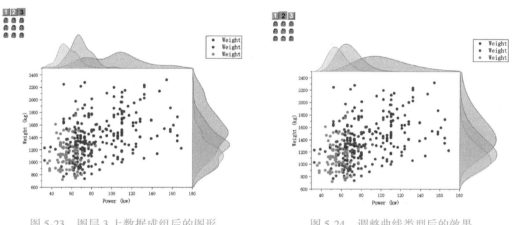

图 5-23　图层 3 上数据成组后的图形　　　　图 5-24　调整曲线类型后的效果

5.1.7 修改图例

1）双击图形周边的空白区域，弹出"绘图细节-页面属性"对话框，在"图例/标题"选项卡中修改图例。

2）"%(1),%(2)的译码模式"选择"自定义"，在"图例的自定义格式"文本框的右侧单击 > （展开）按钮，如图 5-25 所示，在弹出的列表中选择"@WS：工作表的显示名称"。

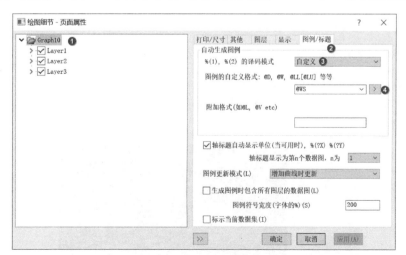

图 5-25　设置图例

3）单击"应用"按钮，此时的图例变为图 5-26 所示。单击"确定"按钮，退出对话框。

拖动图例到合适的位置，最终效果如图 5-27 所示。

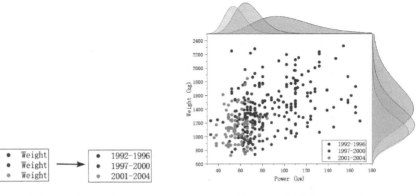

Weight
Weight
Weight
1992-1996
1997-2000
2001-2004

图 5-26　图例变化

Weight (kg)
Power (kw)
1992-1996
1997-2000
2001-2004

图 5-27　边际分布曲线图

说明：本例的坐标轴显示基本满足要求，故而不再对其进行调整。

5.2　圆形谱系图绘制

下面的示例利用 Hierarchical Cluster Analysis. ogwu 文件中的数据进行聚类分析，然后获得圆形谱系图，数据表如图 5-28 所示。

操作视频

	A(X)	B(Y)	C(Y)	D(Y)	E(Y)	F(Y)	G(Y)	H(Y)
长名称	gene	fetal_lung	232-97_SCC	232-97_node	68-96_Adeno	11-00_Adeno	69-96_Adeno	234-97_Adeno
单位								
注释								
F(x)=								
类别	未排序							
1	IMAGE:196992	-0.4	4.28	3.68	-1.35	-1.74	2.2	-2.58
2	IMAGE:587847	-2.22	5.21	4.75	-0.91	-0.33	2.56	-1.23
3	IMAGE:1049185	-1.35	-0.84	-2.88	3.35	3.02	-4.48	6.21
4	IMAGE:135221	0.68	0.56	-0.45	-0.2	1.14	0.22	6.57
5	IMAGE:298560	0.06505	4.14	3.58	-0.4	-2.62	1.59	-2.74
6	IMAGE:119882	-3.23	-2.84	-2.72	-0.83	-0.02	-2.85	-0.94
7	IMAGE:510116	0.49	0.23	0.62	-1.15	-1.47	0	5.68
8	IMAGE:591265	0.3	2.86	1.63	0.16	-2.04	-0.07709	1.33
9	IMAGE:366889	0.5	2.74	2.02	0.29	-0.09	-0.07709	1.94
10	IMAGE:1486082	-1.25	0.24	1.06	0.16213	0.13	5.55	-0.37
11	IMAGE:129024	-0.8	0.18	0.05	-1.39	2.13	-0.07709	1.38
12	IMAGE:1473304	-1.36	2.83	2.66	-1.49	-1.49	0.76	1.43

Lung

图 5-28　数据表（部分）

5.2.1　数据选择

1）将数据表置前，移动光标到数据表左上角，当光标变为↘时单击鼠标，选中所有数据列。

2）按住〈Ctrl〉键的同时单击 A(X)列，取消选中该列，这样即可选中除 A(X)列以外的所有数据列，如图 5-29 所示。

	A(X)	B(Y)	C(Y)	D(Y)	E(Y)	F(Y)	G(Y)	H(Y)
长名称	gene	fetal_lung	232-97_SCC	232-97_node	68-96_Adeno	11-00_Adeno	69-96_Adeno	234-97_Adeno
单位								
注释								
F(x)=								
类别	未排序							
1	IMAGE:196992	-0.4	4.28	3.68	-1.35	-1.74	2.2	-2.58
2	IMAGE:587847	-2.22	5.21	4.75	-0.91	-0.33	2.56	-1.23
3	IMAGE:1049185	-1.35	-0.84	-2.88	3.35	3.02	-4.48	6.21
4	IMAGE:135221	0.68	0.56	-0.45	-0.2	1.14	0.22	6.57
5	IMAGE:298560	0.06505	4.14	3.58	-0.4	-2.62	1.59	-2.74
6	IMAGE:119882	-3.23	-2.84	-2.72	-0.83	-0.02	-2.85	-0.94
7	IMAGE:510116	0.49	0.23	0.62	-1.15	-1.47	0	5.68
8	IMAGE:591265	0.3	2.86	1.63	0.16	-2.04	-0.07709	1.33
9	IMAGE:366889	0.5	2.74	2.02	0.29	-0.09	-0.07709	1.94
10	IMAGE:1486082	-1.25	0.24	1.06	0.16213	0.13	5.55	-0.37
11	IMAGE:129024	-0.8	0.18	0.05	-1.39	2.13	-0.07709	1.38
12	IMAGE:1473304	-1.36	2.83	2.66	-1.49	-1.49	0.76	1.43

Lung

图 5-29　数据选择

5.2.2 聚类分析

1）选择菜单栏中的"统计"→"多变量分析"→"系统聚类分析"命令，即可弹出图 5-30 所示的"系统聚类分析：hcluster"对话框，在"输入"选项卡中可以看到选中了第 2~74 列数据。

2）在"设置"选项卡"聚类"中选择"变量"单选按钮，"聚类方法"及"距离类型"分别设置为"平均""相关性"，"聚类个数"设置为6，"找聚类中心点依据"选择"距离总和"，如图 5-31a 所示。

图 5-30 "系统聚类分析"对话框

a）"设置"选项卡

b）"输出量"选项卡

c）"绘图"选项卡

图 5-31 聚类分析参数设置

3）在"输出量"选项卡中采用默认设置，如图 5-31b 所示。在"绘图"选项卡中设置"方向"为"圆"，如图 5-31c 所示。

4）设置完成后，单击"确定"按钮，即可生成图 5-32 所示的分析结果。在 Cluster1 工作表中可以看到生成的圆形谱系图。

5.2.3 谱系图调整

1）在工作表中双击谱系图，即可弹出图 5-33 所示的谱系图图形窗口，注意观察右上角的

图 5-32 分析结果数据表

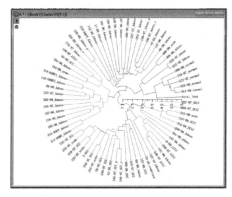

图 5-33 谱系图图形窗口

⊠（关闭）按钮变成了 ⊡（返回）按钮。另外该图超出了边框，复制后再进行调整。

2）单击"标准"工具栏中的 ▤（复制）按钮，即可复制一张图表，然后在该图表上进行修饰调整。

3）在图形区域右击，在弹出的快捷菜单中选择"调整页面至图层大小"命令，即可弹出图 5-34 所示的对话框，保持该对话框的默认设置，单击"确定"按钮，即可调整画布为恰当的显示状态。此时的图形效果如图 5-35 所示。

图 5-34　"调整页面至图层大小: pfit2l"对话框

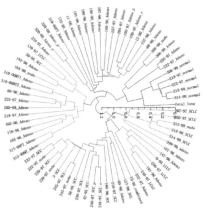

图 5-35　图形效果

4）在文字上单击并停留，在弹出的浮动工具栏中，字体颜色选择"单色"下的"自动"，即字体颜色随线条变换，如图 5-36 所示。

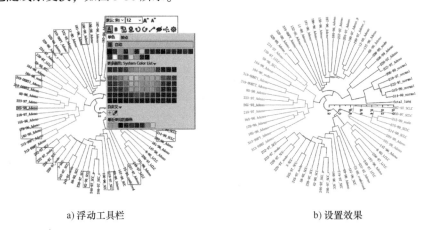

a）浮动工具栏　　　　　　　　　　　　　　b）设置效果

图 5-36　调整字体颜色为随线条变换

5.2.4　添加图题与注释

1）在画布上右击，在弹出的快捷菜单中选择"添加/修改图层标题"命令，将标题修改为 Hierarchical Cluster Analysis of Lung Tissues，将其选中后利用键盘中的方向键调整到适当位置。也可以通过拖动的方式移动标题文字。

2）单击"工具"工具栏中的 T（文本工具）按钮，然后在图形右下方单击并输入对应的内容，并调整字体及大小，结果如图 5-37 所示。

5.2.5 水平/垂直谱系图

1）在分析结果工作表中右击，在弹出的快捷菜单中选择"更改参数"命令，如图 5-38 所示，即可再次弹出"系统聚类分析：hcluster"对话框。

图 5-37 添加图题与注释

图 5-38 快捷菜单

2）在对话框中，将"绘图"选项卡中的"方向"设置为"水平"或"垂直"时，得到的谱系图如图 5-39 所示。

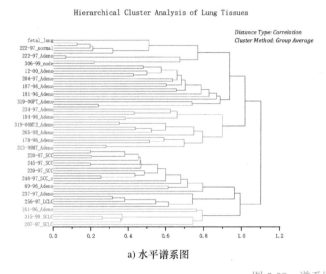

a) 水平谱系图

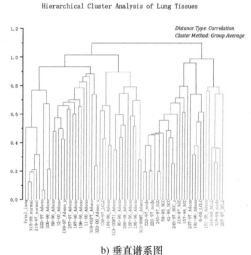

b) 垂直谱系图

图 5-39 谱系图

5.3 相关矩阵图绘制

下面的示例使用 Kidney Gene. ogwu 文件中的数据，利用 Correlation Plot App 进行相关矩阵图的绘制，数据表如图 5-40 所示。

操作视频

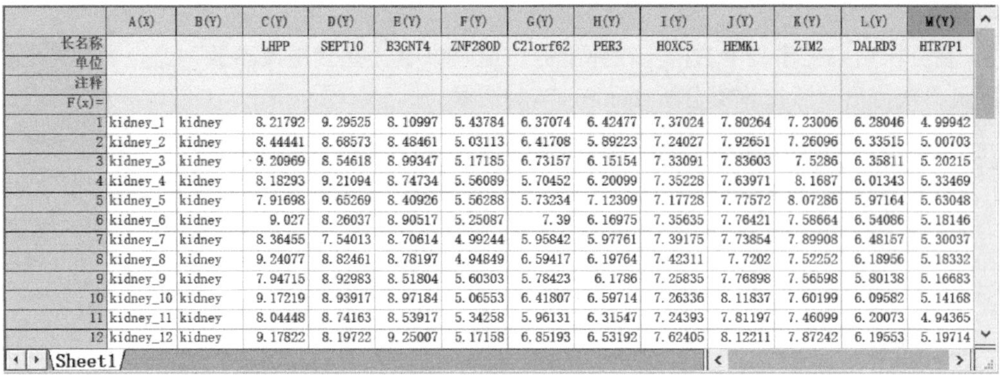

	A(X)	B(Y)	C(Y)	D(Y)	E(Y)	F(Y)	G(Y)	H(Y)	I(Y)	J(Y)	K(Y)	L(Y)	M(Y)
长名称			LHPP	SEPT10	B3GNT4	ZNF280D	C21orf62	PER3	HOXC5	HEMK1	ZIM2	DALRD3	HTR7P1
单位													
注释													
F(x)=													
1	kidney_1	kidney	8.21792	9.29525	8.10997	5.43784	6.37074	6.42477	7.37024	7.80264	7.23006	6.28046	4.99942
2	kidney_2	kidney	8.44441	8.68573	8.48461	5.03113	6.41708	5.89223	7.24027	7.92651	7.26096	6.33515	5.00703
3	kidney_3	kidney	9.20969	8.54618	8.99347	5.17185	6.73157	6.15154	7.33091	7.83603	7.5286	6.35811	5.20215
4	kidney_4	kidney	8.18293	9.21094	8.74734	5.56089	5.70452	6.20099	7.35228	7.63971	8.1687	6.01343	5.33469
5	kidney_5	kidney	7.91698	9.65269	8.40926	5.56288	5.73234	7.12309	7.17728	7.77572	8.07286	5.97164	5.63048
6	kidney_6	kidney	9.027	8.26037	8.90517	5.25087	7.39	6.16975	7.35635	7.76421	7.58664	6.54086	5.18146
7	kidney_7	kidney	8.36455	7.54013	8.70614	4.99244	5.95842	5.97761	7.39175	7.73854	7.89908	6.48157	5.30037
8	kidney_8	kidney	9.24077	8.82461	8.78197	4.94849	6.59417	6.19766	7.42311	7.7202	7.52252	6.18956	5.18332
9	kidney_9	kidney	7.94715	8.92983	8.51804	5.60303	5.78423	6.1786	7.25835	7.76898	7.56598	5.80138	5.16683
10	kidney_10	kidney	9.17219	8.93917	8.97184	5.06553	6.41807	6.59714	7.26336	8.11837	7.60199	6.09582	5.14168
11	kidney_11	kidney	8.04448	8.74163	8.53917	5.34258	5.96131	6.31547	7.24393	7.81197	7.46099	6.20073	4.94365
12	kidney_12	kidney	9.17822	8.19722	9.25007	5.17158	6.85193	6.53192	7.62405	8.12211	7.87242	6.19553	5.19714

Sheet1

图 5-40　数据表（部分）

5.3.1　加载 Correlation Plot App

1）在 Origin 窗口右侧单击 Apps，在出现的 Apps 窗口中单击"添加 App"按钮，如图 5-41 所示，即可弹出 App Center 窗口。

2）在搜索框内输入 Correlation Plot，然后单击 🔍（搜索）按钮即可找到所需的 App，如图 5-42 所示，单击 ⬇（下载安装）按钮即可安装 Correlation Plot App。

3）安装完成后单击右上角的 ✕（关闭）按钮，退出 App Center 窗口，此时 Apps 窗口新增了 Correlation Plot 工具，如图 5-43 所示。

图 5-41　Apps 窗口

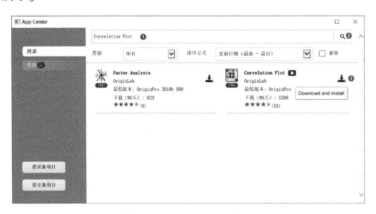

图 5-42　App Center 窗口

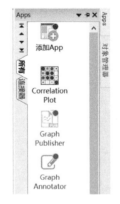

图 5-43　安装后的 Apps 窗口

5.3.2　数据选择

1）将数据表置前，移动光标到数据表左上角，当光标变为 ↘ 时单击鼠标，选中所有数据列。

2）按住〈Ctrl〉键的同时单击 A(X)、B(Y)列，取消选中这两列，这样即可选中除 A(X)、B(Y)列以外的所有数据列，如图 5-44 所示。

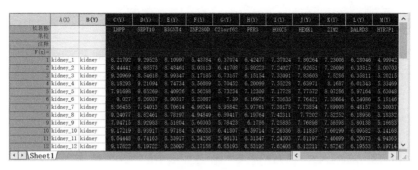

图 5-44　数据选择

5.3.3　生成图形

1）在 Apps 窗口单击刚刚安装的 Correlation Plot，即可弹出 Correlation Plot App 对话框。在该对话框中进行图 5-45 所示设置，设置过程中可通过预览查看效果。

2）设置完成后单击 OK 按钮退出对话框，即可生成图 5-46 所示的图形。

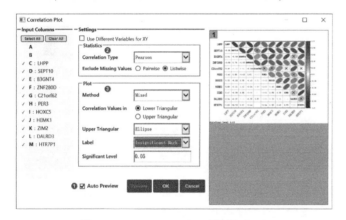

图 5-45　Correlation Plot 对话框（一）

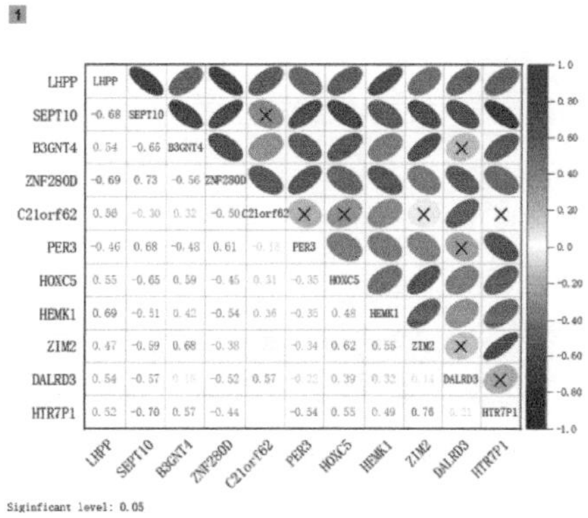

图 5-46　图形效果（一）

3）如果将参数修改为图 5-47 所示，则得到的图形效果如图 5-48 所示，读者可根据自己的数据特点选择合适的效果。

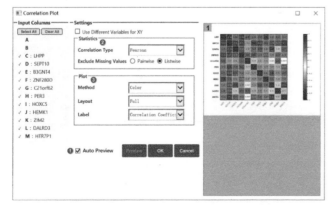

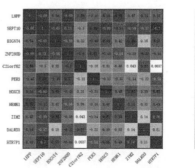

图 5-47　Correlation Plot 对话框（二）

图 5-48　图形效果（二）

5.3.4　调整坐标轴

1）双击 X 轴标签，即可弹出"X 坐标轴-图层 1"对话框，此时其左侧选中的是"上轴"。

2）在该对话框中，按照图 5-49 所示进行设置，调整 X 轴标签的显示角度为 90°，设置完成后单击"确定"按钮退出对话框，此时的图形如图 5-50 所示。

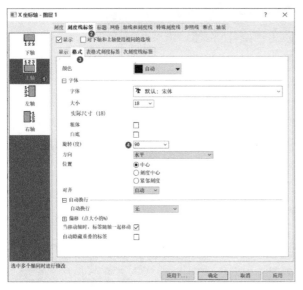

图 5-49　"X 坐标轴-图层 1"对话框

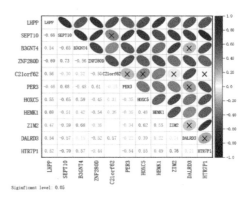

图 5-50　图形效果

5.4 双 Y 轴桥图绘制

下面的示例利用 Statistics of Breast and Lung & Bronchus Cancer. ogwu 文件中的数据绘制双 Y 轴桥图，数据表如图 5-51 所示。其中 D（Y）、E（Y）列数据由 diff（ ）函数获得。

操作视频

	A(X)	B(Y)	C(Y)	D(Y)	E(Y)
长名称	Year	Breast	Lung	Breast	Lung
单位		Number of Cases Pe	Number of Cases Pe	Number of Cases Per 100,000 People	
注释					
F(x)=				diff(B, 3)	diff(C, 3)
类别	未排序				
1	1975	105.1	52.2	105.1	52.2
2	1976	101.9	55.4	-3.2	3.2
3	1977	100.8	56.7	-1.1	1.3
4	1978	100.6	57.8	-0.2	1.1
5	1979	102.1	58.6	1.5	0.8
6	1980	102.2	60.7	0.1	2.1
7	1981	106.4	62	4.2	1.3
8	1982	106.5	63.3	0.1	1.3
9	1983	111.1	63.4	4.6	0.1
10	1984	116	65.5	4.9	2.1
11	1985	124.3	64.6	8.3	-0.9
12	1986	126.8	65.8	2.5	1.2

图 5-51　数据表（部分）

5.4.1　生成初始图形

1）将光标移动到数据表上方，按住〈Ctrl〉键的同时单击 D（Y）、E（Y）列，即可将这两列数据选中。

2）选择菜单栏中的"绘图"→"多面板/多轴"→"双 Y 轴柱状图"命令，即可直接生成图 5-52 所示的图表。

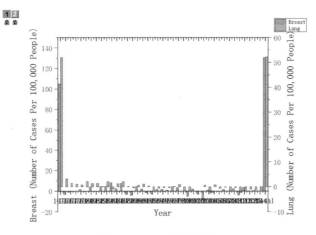

图 5-52　双 Y 轴柱状图

3）在图形中间空白区域双击即可弹出"绘图细节-图层属性"对话框，在"桥图"选项卡中勾选"启用桥图"复选框，在"总计/小计的数据索引"中输入"1 0"，其中 1 表示第一根柱、0 表示最后一根柱，如图 5-53 所示。单击"应用"按钮，此时的图形效果如图 5-54 所示。

图 5-53　"绘图细节-图层属性"对话框

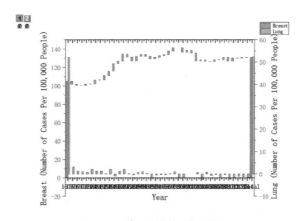

图 5-54　第一组数据桥图效果

4）同样，在左侧选中 Layer2，在右侧"桥图"选项卡中勾选"启用桥图"复选框，在"总计/小计的数据索引"中输入"１０"，单击"应用"按钮，此时的图形效果如图 5-55 所示。

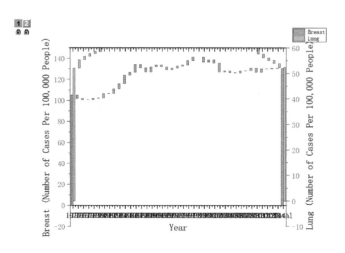

图 5-55　第二组数据桥图效果

5.4.2　添加背景颜色

1）继续上面的操作。在"背景"选项卡中设置"颜色"为"浅黄"，并将"透明度"修改为 80%，单击"应用"按钮，此时的图形效果如图 5-56 所示。设置完成后单击"确定"按钮退出对话框。

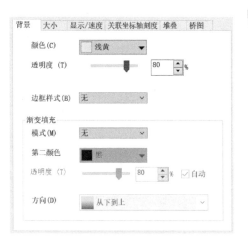

a）"背景"选项卡

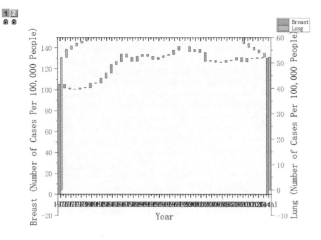

b）设置效果

图 5-56　背景颜色设置

说明：此处的背景设置在图层 2 上，也可以设置在图层 1 上，对于该图没有影响。

2）经过上面的操作后发现 Y 轴显示范围过小。单击"图形"工具栏中的 ⌐✓ （调整刻度）按钮，即可将出界的数据显示出来，单击"应用"按钮，图形效果如图 5-57 所示。

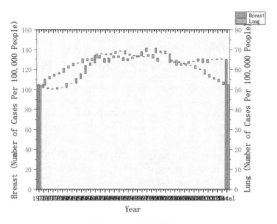

图 5-57　调整刻度

5.4.3　修改柱颜色

1) 在图形中的柱上双击即可弹出"绘图细节-绘图属性"对话框，在该对话框"图案"选项卡中对柱的颜色进行修改。

2) 确认左侧选中了图层 1 中的数据集，在右侧"图案"选项卡"填充"选项组中，调整"颜色"为"按点"→"Y 值：正-负-合计"，如图 5-58 所示，单击"应用"按钮确认设置。

图 5-58　修改数据集 1 的柱颜色

3) 同样，对图层 2 的数据集进行颜色设置，如图 5-59 所示。其中第⑤步需要单击 🖉（画

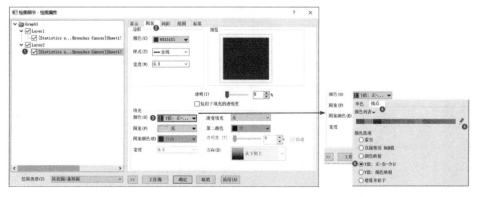

图 5-59　设置数据集 2 的柱颜色

笔）符号，在弹出的图 5-60 所示"创建颜色"对话框中调整颜色顺序，设置完成后单击"确定"按钮，返回"绘图细节-绘图属性"对话框。

4）单击"应用"按钮，此时的图形效果如图 5-61 所示。确认无误后，单击"确定"按钮退出对话框。

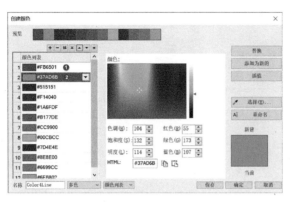

图 5-60　"创建颜色"对话框

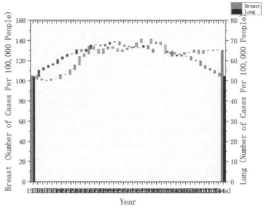

图 5-61　图形效果

5.4.4　调整坐标轴

1. 图层 1 坐标轴设置

1）双击 Y 轴，弹出"Y 坐标轴-图层 1"对话框，在左侧选中"垂直"，在右侧的"刻度"选项卡中设置刻度的起始、结束点为 40 和 160，如图 5-62 所示。

图 5-62　Y 坐标轴设置"刻度"选项卡

2）继续在左侧选中"水平"，设置刻度的起始、结束点为 0.5 和 41.5（默认），主刻度类型为"按增量"，"值"为 3，如图 5-63 所示，单击"应用"按钮，此时的图形如图 5-64 所示。

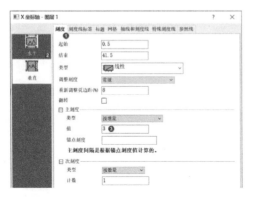

图 5-63　X 坐标轴设置"刻度"选项卡

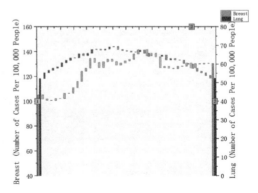

图 5-64　调整坐标轴后的效果

3）此时发现下方的 X 轴丢失。进入"轴线和刻度线"选项卡，在左侧选中"下轴"，在右侧的"线条"选项组中将"轴位置"由"在位置＝0"调整为"下轴"即可，如图 5-65 所示，单击"应用"按钮，此时的图表如图 5-66 所示。

图 5-65 "轴线和刻度线"选项卡

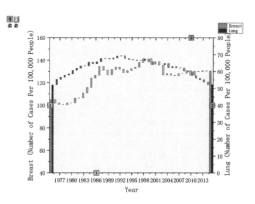

图 5-66 修改轴位置后的效果

4）进入"刻度线标签"选项卡，在左侧选中"下轴"，按照图 5-67 所示进行设置，调整 X 轴标签的显示角度为 90°，设置完成后单击"确定"按钮退出对话框，此时的图形如图 5-68 所示。

图 5-67 调整刻度线标签

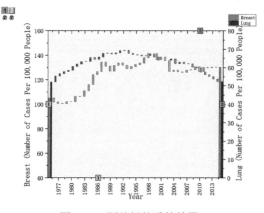

图 5-68 调整标签后的效果

2. 图层 2 坐标轴设置

1）继续在坐标轴设置对话框中进行操作。在左下角的"图层"中选择 2，此时对话框标题中由"图层 1"变为"图层 2"，即可对图层 2 的坐标轴进行设置。

说明：前面的操作完成后单击"确定"按钮退出对话框，然后双击右 Y 轴也可进入图层 2 坐标轴的设置界面。

2）确认选择了左侧的"垂直"选项，在"刻度"选项卡中，参数设置如图 5-69 所示，单击"应用"按钮完成设置，此时的图形如图 5-70 所示。

图 5-69　右 Y 轴的设置

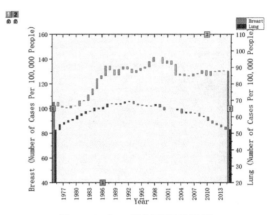

图 5-70　右 Y 轴刻度调整效果

3）在"网格"选项卡中，左侧选中"垂直"，右侧在"主网格线"选项组中勾选"显示"复选框，如图 5-71 所示，单击"应用"按钮完成设置，此时的图形如图 5-72 所示。

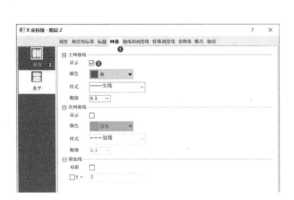

图 5-71　网格设置

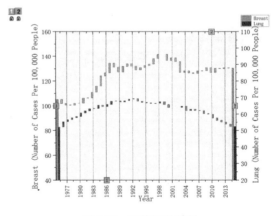

图 5-72　网格调整效果

3. 坐标轴特殊刻度线设置

1）进入"特殊刻度线"选项卡，此时是在图层 2 上进行设置（下轴在图层 1 上），因此没有选项可以设置。在对话框左下角的"图层"中选择 1，相关参数出现。

2）设置如图 5-73 所示，单击"应用"按钮，满意后单击"确定"按钮完成坐标轴的所有设置。此时的图形效果如图 5-74 所示。

4. 修改坐标轴标题

单击下方的 X 轴标题 Year，按〈Delete〉键将其删除；单击左 Y 轴的标题，将其修改为 Breast；单击右 Y 轴的标题，将其修改为 Lung。将坐标轴标签字体大小调整为 16，标题字体大小调整为 18。

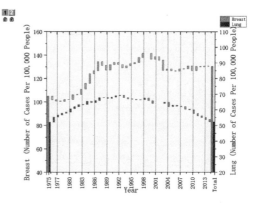

图 5-73　"特殊刻度线"选项卡　　　　图 5-74　完成坐标轴设置后的图表

5.4.5　添加图题

在画布上右击，在弹出的快捷菜单中选择"添加/修改图层标题"命令，将标题修改为 Statistics of Breast and Lung & Bronchus Cancer，字体大小调整为 20，选中后利用键盘中的方向键调整到适当位置，结果如图 5-75 所示。

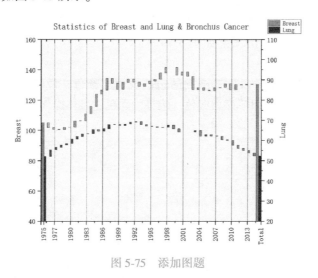

图 5-75　添加图题

5.4.6　添加图例

1. 修改图层 1 的图例

1）原图中的图例为图层 1 的图例。移动图例到合适的位置，然后在图例上右击，在弹出的快捷菜单中选择"属性"命令，弹出"文本对象-legend"对话框。

2）在"文本"选项卡中输入 Breast，选中并单击加粗按钮，同时将字体大小设置为 14，如图 5-76 所示。单击"应用"按钮，此时的图形如图 5-77 所示，单击"确定"按钮完成设置。

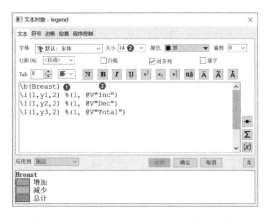

图 5-76　图层 1 "文本对象-legend" 对话框

图 5-77　修改图层 1 的图例

2. 添加图层 2 的图例

1）单击左上角的图层 2 符号，将图层 2 置前。单击 "添加对象到当前图形窗口" 工具栏中的 🔳（重构图例）按钮，即可在图中添加图例。

2）同样，移动图例到合适的位置，然后在图例上右击，在弹出的快捷菜单中选择 "属性" 命令，弹出 "文本对象-Legend" 对话框。

3）在 "文本" 选项卡中输入 Lung，选中并单击加粗按钮，同时将字体大小设置为 16，如图 5-78 所示。单击 "应用" 按钮，此时的图形如图 5-79 所示，单击 "确定" 按钮完成设置。

图 5-78　图层 2 "文本对象-Legend" 对话框

4）在 "边框" 选项卡中可以设置图例的边框及填充颜色，最终图形效果如图 5-80 所示。读者可自行尝试修改，比如将图填充为白色，边界为无色，具体操作这里不再赘述。

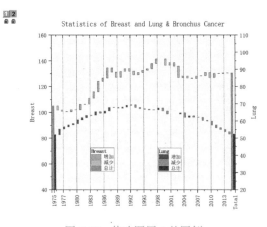

图 5-79　修改图层 2 的图例

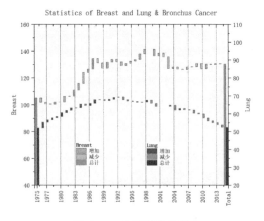

图 5-80　最终图形效果

5.5　组合人口金字塔图绘制

下面的示例利用 Population Distribution. ogwu 文件中的数据绘制组合人口金字塔图，数据表如图 5-81 所示。其中，China、India、USA 工作表分别为中国、印度、美国的人口数据（非当前真实数据，仅作为图形示例数据）。

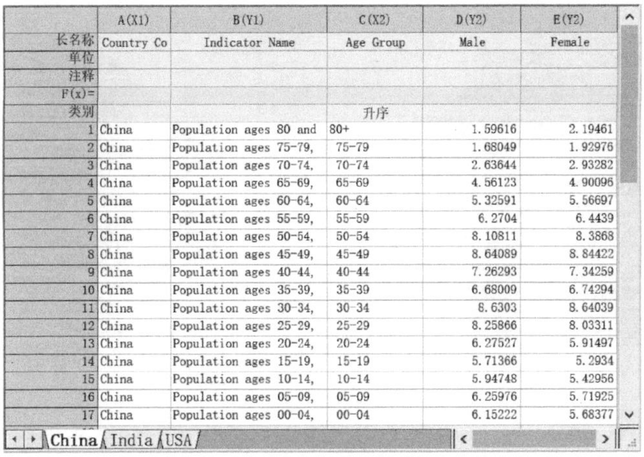

操作视频

图 5-81   数据表（部分）

5.5.1   生成初始图形

1）将光标移动到 China 工作表上方，按住〈Ctrl〉键的同时单击 C（X2）、D（Y2）、E（Y2）数据列即可将这三列数据选中，也可以采用拖动的方式选中。

2）选择菜单栏中的"绘图"→"统计图"→"人口金字塔图"命令，即可直接生成图 5-82 所示的图。

5.5.2   删除图例、轴标签并添加图框

1）选中图例并按〈Delete〉键将其删除；选中 X 轴标签 Male、Female 后按〈Delete〉键将其删除。结果如图 5-83 所示。

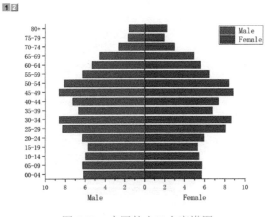

图 5-82   中国的人口金字塔图

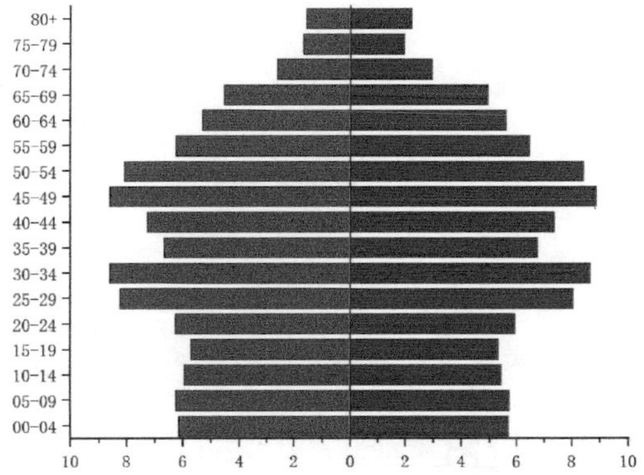

图 5-83   删除图面多余信息

2）在图层 1（也就是左侧空白区域）单击，在弹出的图 5-84 所示浮动工具栏中单击 □（图层框架）按钮，即可将框架添加到图形中。

3）同样，在图层 2 添加框架。效果如图 5-85 所示。

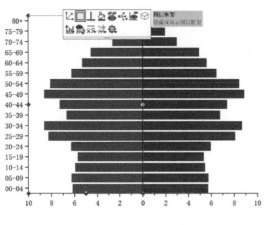

图 5-84　浮动工具栏

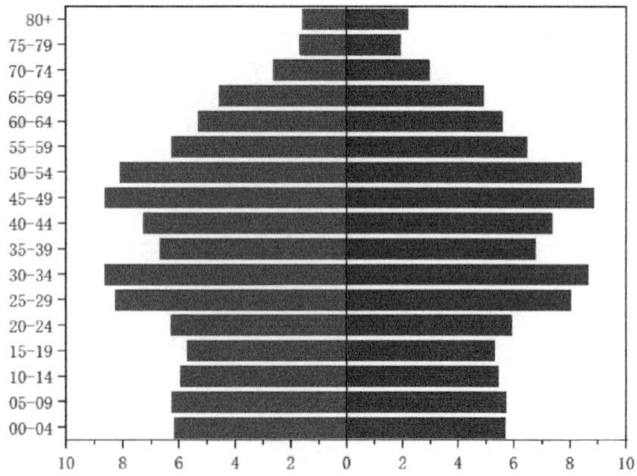

图 5-85　添加框架后的效果

5.5.3　添加标题

1）在图形上方空白区域右击，在弹出的快捷菜单中选择"添加/修改图层标题"命令，再在出现的文本框中输入"%(?Y,@WS)"。

2）在刚输入的文本上右击，在弹出的快捷菜单中选择"属性"命令，弹出"文本对象-_TITLE"对话框。

3）在"程序控制"选项卡中将"链接到变量(%,$)，替换层次"修改为 1（或 2、3），此时下方的文本信息由"%(?Y,@WS)"变为"China"，如图 5-86 所示。

4）单击"确定"按钮，退出对话框，即将标题添加到图表中。选中标题，通过拖动或利用键盘中的方向键调整标题位置，最终效果如图 5-87 所示。

图 5-86　"文本对象-_TITLE"对话框

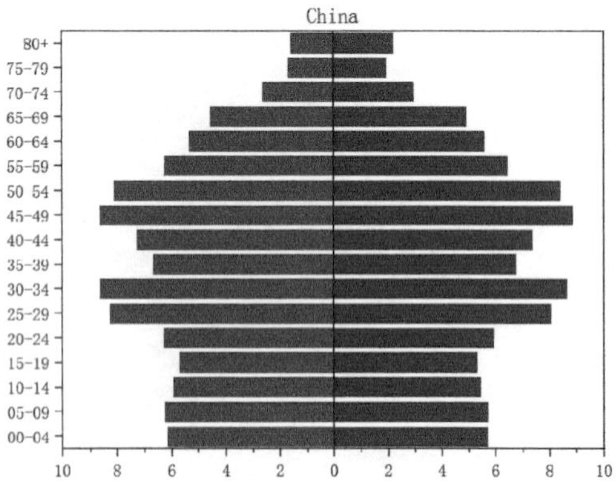

图 5-87　添加标题后的效果

读者可以根据自己的需要进行配色，本示例不再对图形配色进行设置。

5.5.4　批量绘图

1）在图形窗口的标题栏右击，在弹出的快捷菜单中选择"复制（批量绘图）"命令，弹出"选择列"对话框。

2）在"批量绘图数据"中选择"工作表"，此时的对话框标题变为"选择工作表"。在下方的列表中按住〈Ctrl〉键选中 India、USA 数据，如图 5-88 所示。

3）单击"确定"按钮，生成 India、USA 的人口金字塔图，如图 5-89 所示。

图 5-88　"选择工作表"对话框

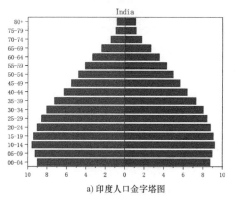

a) 印度人口金字塔图

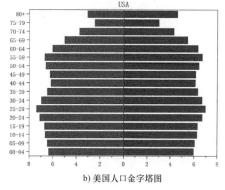

b) 美国人口金字塔图

图 5-89　批量绘图

5.5.5　合并图形

1）选择菜单栏中的"图"→"合并图表"命令，即可弹出"合并图表：merge_graph"对话框，按图 5-90 所示进行设置。

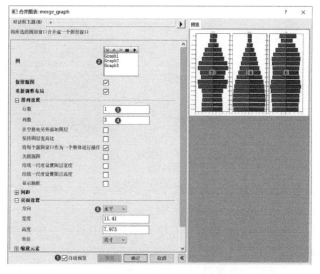

图 5-90　"合并图表：merge_graph"对话框

2）设置完成后单击"确定"按钮，完成合并，生成的图如图 5-91 所示。

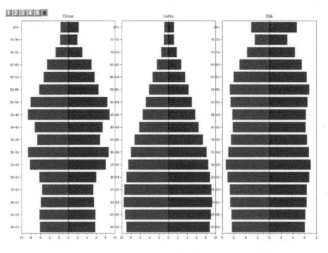

图 5-91　图形合并效果

5.5.6　图表调整

1）选择菜单栏中的"图"→"图层管理"命令，即可弹出"图层管理"对话框，按图 5-92 所示进行设置，India 人口金字塔图需要调整图层 3 的上轴，"刻度线"设置为"无"、取消勾选"刻度标签"复选框。

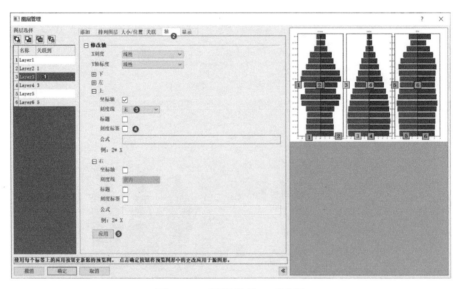

图 5-92　"图层管理"对话框

说明：此处主要调整坐标轴标签，对话框中的"上"对应右轴、"下"对应左轴、"左"对应下轴、"右"对应上轴。

2）同样，对图层 5、图层 6 进行设置，其中，图层 5 不显示左轴刻度线及标签，图层 6 显示刻度线及标签，同时刻度线设置为朝外。

3）设置完成后单击"确定"按钮退出对话框，此时的图形效果如图 5-93 所示。

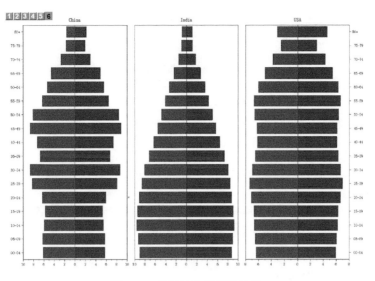

图 5-93 坐标轴设置后的效果

5.5.7 调整字号并添加文本

1）依次单击选中所有坐标轴标签，然后将其字体大小修改为 12。单击每个图的标题，然后将其字体大小修改为 16。

2）在图表正下方右击，在弹出的快捷菜单中选择"添加文本"命令，在出现的文本框中输入"Percentage of Population"。

3）在图形区域右击，在弹出的快捷菜单中选择"调整页面至图层大小"命令，即可弹出图 5-94 所示的对话框。保持该对话框的默认设置，单击"确定"按钮，即可调整画布为恰当的显示状态。最终的图形效果如图 5-95 所示。

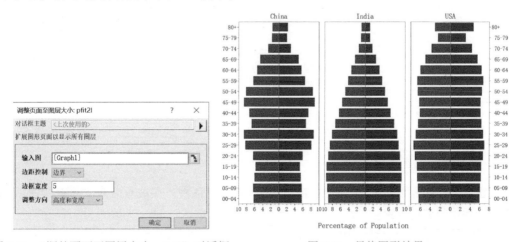

图 5-94 "调整页面至图层大小：pfit2l"对话框 　　　　图 5-95 最终图形效果

5.6 脊线图绘制

下面的示例利用 US Mean Temperature.ogwu 文件中的数据绘制脊线图，数据表如图 5-96 所示。

操作视频

长名称	A(X)	B(Y)	C(Y)	D(Y)	E(Y)	F(Y)	G(Y)	H(Y)	I(Y)	J(Y)	K(Y)	L(Y)	M(Y)
	City	Longitude	Latitude	January	February	March	April	May	June	July	August	September	October
单位													
注释													
F(x)=													
迷你图													
1	EUREKA, CA.	-124.1	40.8	47.9	48.9	49.2	50.7	53.6	56.3	58.1	58.7	57.4	54.5
2	ASTORIA, OR	-123.8	46.2	42.4	44.2	46	48.5	52.7	56.7	60.1	60.8	58.5	52.6
3	EUGENE, OR	-123.1	44.1	39.8	42.8	46.3	49.8	54.8	60.2	66.2	66.4	61.7	52.6
4	SALEM, OR	-123	44.9	40.3	43	46.5	50	55.6	61.2	66.8	67	62.2	52.9
5	OLYMPIA, WA	-122.9	47	38.1	40.5	43.6	47.4	53.3	58.2	62.8	63.3	58.3	49.7
6	MEDFORD, OR	-122.9	42.3	39.1	43.5	47.1	51.6	58.1	65.6	72.7	72.5	65.9	55.1
7	PORTLAND, OR	-122.7	45.5	39.9	43.1	47.2	51.2	57.1	62.7	68.1	68.5	63.6	54.3
8	REDDING, CA	-122.4	40.6	45.5	49.1	52.5	57.8	66.2	75.2	81.3	78.9	73.4	63.2
9	SAN FRANCISCO AP, CA	-122.4	37.8	49.4	52.4	54	56.2	58.7	61.4	62.8	63.6	63.9	61
10	SEATTLE C.O., WA	-122.3	47.6	41.5	43.8	46.9	50.9	56.6	61.1	65.5	66	61.3	53.3
11	MOUNT SHASTA, CA	-122.3	41.4	35.3	38.2	41.2	46.3	53.2	60.2	66.1	65.1	59.5	50.5
12	SACRAMENTO, CA	-121.5	38.6	46.3	51.2	54.5	58.9	65.5	71.5	75.4	74.8	71.7	64.4
13	STOCKTON, CA	-121.2	37.9	46	51.1	54.9	60	66.7	73.2	77.3	76.5	72.8	64.6
14	YAKIMA, WA	-120.5	46.6	29.1	35.2	42.5	48.7	56.2	62.9	69.1	68.3	60	48.6
15	SANTA MARIA, CA	-120.4	34.9	51.6	53.1	53.8	55.5	57.8	60.9	63.5	64.2	63.9	61.1
16	RENO, NV	-119.8	39.5	33.6	38.5	43.3	48.6	56.4	64.7	71.3	69.9	62.4	52

US Mean Temperature

图 5-96　数据表（部分）

5.6.1　生成初始图形

1）将光标移动到工作表上方，在 D(Y) 列上按住鼠标拖动到 O(Y) 列，将 D(Y)~O(Y) 数据列选中。

2）选择菜单栏中的"绘图"→"统计图"→"脊线图"命令，即可直接生成图 5-97 所示的图表。

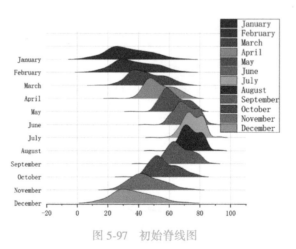

图 5-97　初始脊线图

5.6.2　调整配色

1）在脊线上双击即可弹出"绘图细节-绘图属性"对话框，在该对话框"图案"选项卡的"填充"选项组中进行设置。

2）"颜色"采用"按点"中的"Y值：颜色映射"，此时会出现"颜色映射"选项卡。继续在"颜色"中选择"颜色列表"中的 Viridis，如图 5-98 所示。

3）切换到"颜色映射"选项卡，在列表框中单击"级别"，会弹出"设置级别"对话框，在该对话框中进行设置，如图 5-99 所示，设置完成后单击"确定"按钮，返回"颜色映射"选项卡。

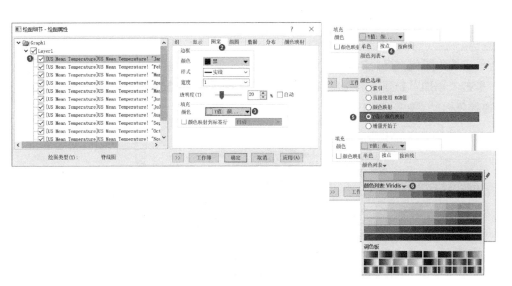

图 5-98 颜色设置

4）继续在列表框中单击"填充"，会弹出"填充"对话框，设置如图 5-100 所示，设置完成后单击"确定"按钮。此时的"颜色映射"选项卡如图 5-101 所示。

图 5-99 "设置级别"对话框

图 5-100 "填充"对话框

5）单击"应用"按钮查看设置效果，满意后单击"确定"按钮，此时的图形效果如图 5-102 所示。

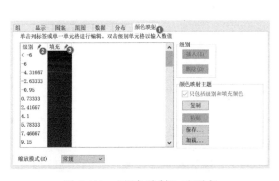

图 5-101 "颜色映射"选项卡

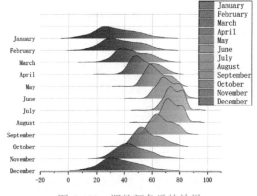

图 5-102 调整颜色后的效果

5.6.3 添加颜色标尺

1) 单击选中图例，按〈Delete〉键将其删除。

2) 单击"添加对象到当前图形窗口"工具栏中的 ▤ （添加颜色标尺）按钮，即可在图形区域添加颜色标尺，如图 5-103 所示。

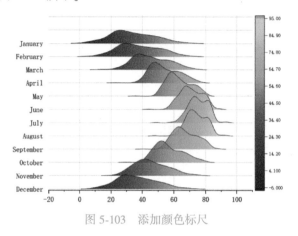

图 5-103　添加颜色标尺

3) 双击颜色标尺会弹出"色阶控制-Layer 1"对话框，在"级别"选项卡中进行图 5-104a 所示设置。

a) "级别"选项卡

b) "轴线和刻度线"选项卡

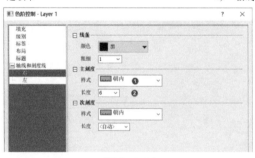

c) "右"选项卡

图 5-104　"色阶控制"对话框

4) 在"标签"选项卡中调整标签显示为十进制，小数位数为1，字体大小设为14。

5) 在"轴线和刻度线"选项卡中勾选"对右和左使用相同的选项"及"在右边显示轴线和刻度"复选框，如图 5-104b 所示。

6）在"右"选项卡中将"主刻度"的"样式"设置为"朝内"、"长度"设置为 6，如图 5-104c 所示，单击"应用"按钮确认设置，此时效果如图 5-105 所示。设置完成后单击"确定"按钮退出对话框。

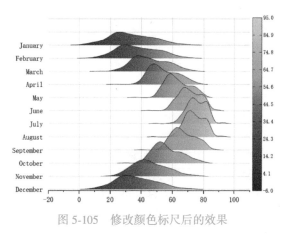

图 5-105 修改颜色标尺后的效果

5.6.4 添加标题

1）在图表上方空白区域右击，在弹出的快捷菜单中选择"添加/修改图层标题"命令，再在出现的文本框中输入"%(?Y,@WS)(℉)"。

2）在刚输入的文本上右击，在弹出的快捷菜单中选择"属性"命令，弹出"文本对象-_TITLE"对话框。

3）在"程序控制"选项卡中将"链接到变量（%,\$），替换层次"修改为 1（或 2、3），此时下方的文本信息由"%(?Y,@WS)(℉)"变为"US Mean Temperature（℉）"，如图 5-106 所示。

4）单击"确定"按钮，退出对话框，即可将标题添加到图表中，选中标题，通过拖动或利用键盘中的方向键调整标题位置，最终图形效果如图 5-107 所示。

图 5-106 "文本对象-_TITLE"对话框

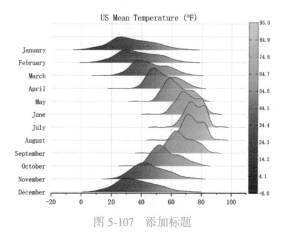

图 5-107 添加标题

读者可以根据自己的需要进行配色，本示例不再对图形配色进行其他设置。

第6章 快捷分析小工具

在使用 Origin 进行数据分析、绘图时，经常需要查找图形上的点坐标、寻找曲线的峰值、对拟合的曲线进行插值、查找脉冲的上升沿与下降沿等，Origin 提供了多种快捷分析小工具来实现上述操作。另外，Origin 还提供了集群小工具，可以快速实现简单的数据统计分析。掌握这些小工具可以帮助读者实现快速绘图和获取图中信息。

6.1 垂直光标小工具

操作视频

垂直光标小工具可用于读取堆叠图/多面板图或同时包含在多个图表中的数据点的 X 和 Y 坐标值。

6.1.1 在堆叠图上使用垂直光标

1）在"标准"工具栏中单击 ▯（新建项目）按钮，新建一个项目。

2）选择菜单栏中的"数据"→"从文件导入"→"多个 ASCII 文件"命令，可以打开 ASCII 对话框。

3）在"查找范围"中找到本章的素材文件夹，将 Step01. dat、Step02. dat 和 Step03. dat 文件添加到对话框下方的列表中，如图 6-1 所示。单击"确定"按钮可以打开 ASCII：impASC 对话框。

4）在对话框中，在"导入设置"选项组中设置"多文件（第一个除外）导入模式"为"新建簿"；在"列"选项组中将"列的绘图设定"设为"(XY)"；在"部分导入"选项组中，设置"起始"为 2，如图 6-2 所示。单击"确定"按钮，选定的三个文件将导入到一个工作簿中，如图 6-3 所示。

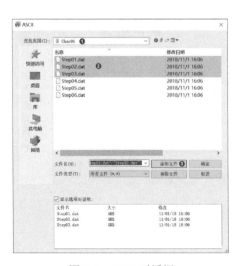

图 6-1　ASCII 对话框

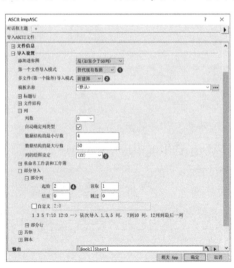

图 6-2　ASCII：impASC 对话框

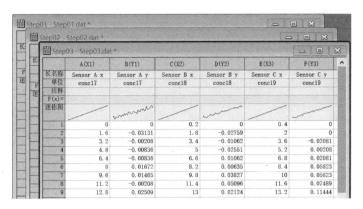

图 6-3　数据表

5）将 Step01 工作表置前，将光标移动到数据表左上角，当光标变为 ↘ 时单击，将所有数据选中。

6）选择菜单栏中的"绘图"→"多面板/多轴"→"堆积图"命令，弹出"堆叠：plotstack"对话框，在"绘图分配"选项组中进行设置，如图 6-4 所示，单击"确定"按钮即可生成图 6-5a 所示的 Graph1 图表。

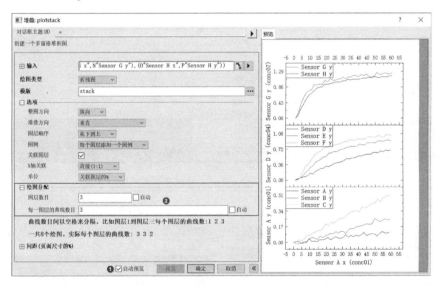

图 6-4　"堆叠：plotstack"对话框

7）利用同样的方法，使用 Step02、Step03 工作表生成 Graph2、Graph3 图表，如图 6-5b、图 6-5c 所示。

8）将 Graph1 置前，选择菜单栏中的"快捷分析"→"纵向坐标读取工具"命令，在弹出的对话框中右击标题行，在弹出的快捷菜单中选择"工作簿"，如图 6-6 所示，此时出现"工作簿"列。

9）单击对话框工具栏中的 ▦（链接/取消链接图形）按钮，弹出"图形浏览器"对话框，在该对话框中可以设置是否将其他图形链接到该图形，如图 6-7 所示，单击"确定"按钮完成设置，此时在图形的右上方会出现 L 标志。

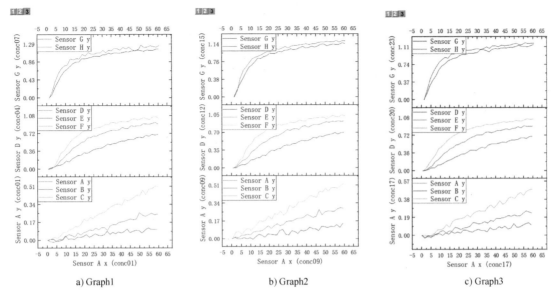

a) Graph1   b) Graph2   c) Graph3

图 6-5　生成的图表

图 6-6　"纵向坐标读取工具-X 基于图层 3"对话框

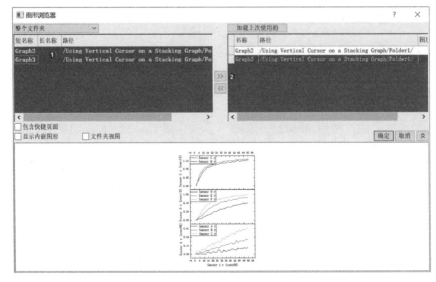

图 6-7　"图形浏览器"对话框

10）确保 Graph1 处于当前编辑状态，且“纵向坐标读取工具-X 基于图层 3”对话框处于打开状态。在 X= 后输入 30 作为 X 值，取消勾选“光标对齐到最近的 X”复选框，单击 （移动光标至 X）按钮，表示在 X=30 处读取每个图中的数据点，如图 6-8 所示。

11）单击 （添加标注和标签）按钮，可以为所有链接的图添加 X=30 的光标线，如图 6-9 所示。

X	Y	名称	工作簿	图形	状态
30	0.05045	Sensor A y	Step01	Graph1	☑
30	0.11969	Sensor B y	Step01	Graph1	☑
30	0.26267	Sensor C y	Step01	Graph1	☑
30	0.44222	Sensor D y	Step01	Graph1	☑
30	0.72235	Sensor E y	Step01	Graph1	☑
30	0.87305	Sensor F y	Step01	Graph1	☑
30	1.03339	Sensor G y	Step01	*Graph1	☑
30	1.12974	Sensor H y	Step01	Graph1	☑
30	0.03853	Sensor A y	Step02	Graph2	☑
30	0.16744	Sensor B y	Step02	Graph2	☑
30	0.28491	Sensor C y	Step02	Graph2	☑
30	0.44928	Sensor D y	Step02	Graph2	☑
30	0.74745	Sensor E y	Step02	Graph2	☑

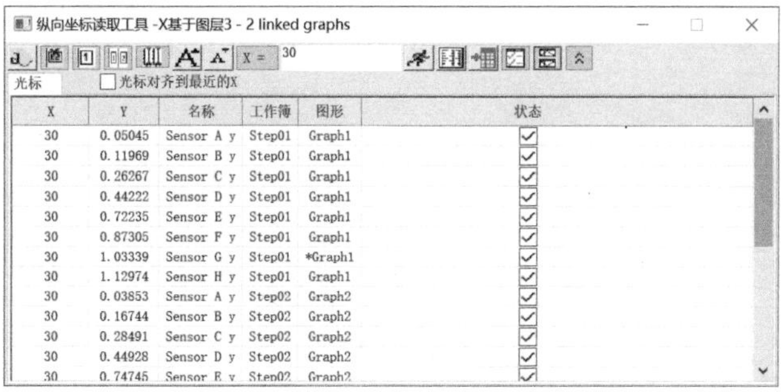

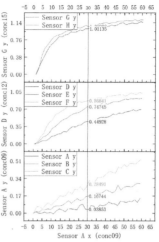

图 6-8　读取每个图中的数据点

图 6-9　在 X=30 处添加光标线

12）单击 （输出报告）按钮，然后单击 （转到报告表）按钮，即可生成并打开报告表。报告表中列出了链接图中所有图的 X、Y 坐标，执行一次即可在报告表中添加一行新的数据。图 6-10 所示为执行 X=30 与 X=20 输出的结果。

13）将 Graph2 置前，单击右上角的 （图链接）按钮，在弹出的菜单中选择“移动光标线到这里”，即可将光标线移动到 Graph2。

14）在纵向坐标读取工具对话框中，双击 Graph3 的任意行可以激活（置前）Graph3。选择此前添加的光标线，按〈Delete〉键将其删除。单击 （图链接）按钮，然后选择“跳转到光标线窗口”，可以返回光标当前所在的 Graph2。可以看到链接图形中的标记已删除，如图 6-11 所示。

	A(X)	B(Y)	C(Y)	D(Y)	E(Y)	F(Y)	G(Y)	H(Y)	I(Y)	J(Y)
长名称										
单位	conc01	conc01	conc02	conc03	conc04	conc05	conc06	conc07	conc08	conc09
注释	光标位置									
F(x)=										
工作簿		Step01	Step01	Step01	Step01	Step01	Step01	Step01	Step01	Step02
名称	Sensor A x	Sensor A y	Sensor B y	Sensor C y	Sensor D y	Sensor E y	Sensor F y	Sensor G y	Sensor H y	Sensor A y
图形		Graph1	Graph1	Graph1	Graph1	Graph1	Graph1	Graph1	Graph1	Graph2
1	30	0.05045	0.11969	0.26267	0.44222	0.72235	0.87305	1.03339	1.12974	0.03853
2	20	0.04517	0.07664	0.19592	0.32928	0.55542	0.77145	0.93692	1.0185	0.0448
3										
4										
5										
6										
7										
8										

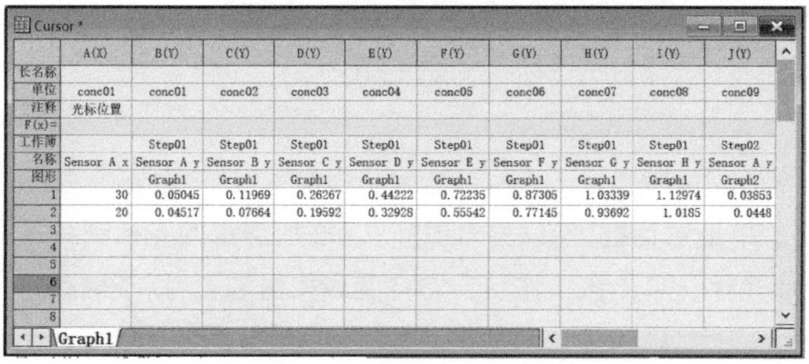

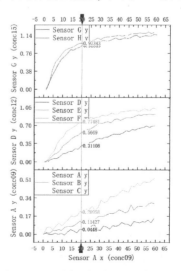

图 6-10　输出报告表

图 6-11　删除光标线（X=30 处）

6.1.2 在多面板图上使用垂直光标

1）将一个空的数据表置前，在素材文件中找到 Waterfall. dat，将其拖动到工作表中，即可将数据导入工作表，如图 6-12 所示。选中 B(Y)~E(Y) 4 列数据。

2）选择菜单栏中的"绘图"→"多面板/多轴"→"4 窗格"命令，即可直接生成图 6-13 所示的散点图。

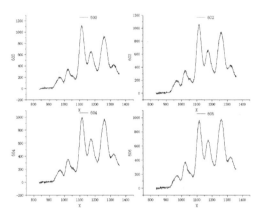

图 6-12　数据表（部分）　　　　　图 6-13　生成 4 窗格图

3）选中第一幅图（图层 1），选择菜单栏中的"快捷分析"→"纵向坐标读取工具"命令，弹出图 6-14 所示的"纵向坐标读取工具-X 基于图层 1"对话框，光标将被添加到 4 个图表的第一列，并且只有第一和第三面板中的数据点显示在列表中。

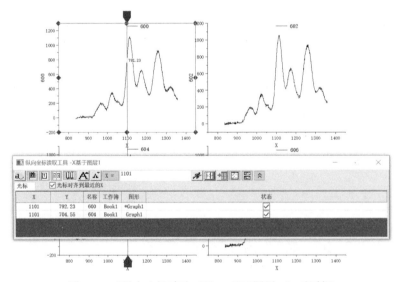

图 6-14　"纵向坐标读取工具-X 基于图层 1"对话框

4）在所有层中读取点 X = 1113. 31。单击对话框工具栏中的 ▥▥（添加链接的光标到每一层），即可将链接在一起的所有层中添加光标（单击该按钮后，它将变成按钮 ▥▥，用于删除每一层的链接光标并返回初始状态）。

5）在 X＝ 后输入 1113. 31，单击 ✍（移动光标至 X）按钮，表示在 X = 1113. 31 处读取每个图中的数据点。如图 6-15 所示。

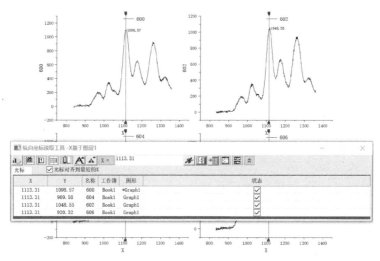

图 6-15　读取每个图中的数据点

6）单击 ![a] （添加标注和标签）按钮可以为所有链接的图添加 X = 1113.31 的光标线，此时完成的光标线显示为蓝色。

7）单击并拖动图层 1 中的光标，将其拖放到其他图形顶点可以读取所有层中的数据点。单击 ![a] （添加标注和标签）按钮可以为所有链接的图添加 X = 1261.08 的光标线，如图 6-16 所示。

8）单击 ![输出报告] （输出报告）按钮，然后单击 ![转到报告表] （转到报告表）按钮，即可生成并打开报告表。报告表中列出了链接图中所有绘图的 X、Y 坐标，执行一次即可在报告表中添加一行新的数据。图 6-17 所示为在 X = 1261.08 与 X = 1113.31 处输出的结果。

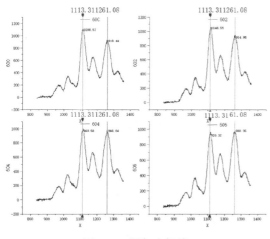

图 6-16　添加光标线

图 6-17　输出报告表

6.2　积分小工具

积分小工具用于对数据图进行数值积分，计算曲线下的面积。通过使用覆盖在图上的感兴趣区域（ROI）来选择数据图的任意范围进行积分。

操作视频

6.2.1 积分并输出值

1）将一个空的数据表置前，在素材文件中找到 Multiple Peaks. dat，将其拖动到工作表中，即可将数据导入工作表，如图 6-18 所示。选中 E(Y)列数据。

2）选择菜单栏中的"绘图"→"基础 2D 图"→"折线图"命令，即可直接生成图 6-19 所示的折线图。

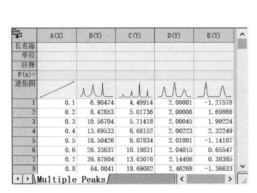

图 6-18　数据表（部分）

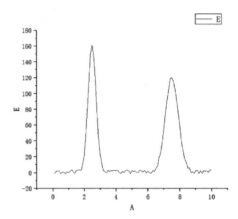

图 6-19　生成折线图

3）选择菜单栏中的"快捷分析"→"积分"命令，在弹出的"积分:addtool_curve_integ"对话框"积分"选项卡中设置"积分曲线"为"限制为矩形"，如图 6-20 所示，表示计算所绘矩形内的曲线积分。

4）单击"确定"按钮完成设置。此时会在图形窗口看到一个黄色矩形和一条蓝色积分曲线，如图 6-21 所示。其中，积分区域用灰色填充，值显示在矩形的顶部。

图 6-20　"积分:addtool_curve_integ"对话框

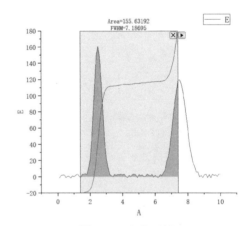

图 6-21　积分区域

5）移动黄色的矩形，为要积分的单个峰值设置区域，如图 6-22 所示。

6）单击矩形右上角的 ▶ 按钮，在弹出的菜单中选择"新建输出"命令，即可将积分结果显示在脚本窗口中，如图 6-23 所示。

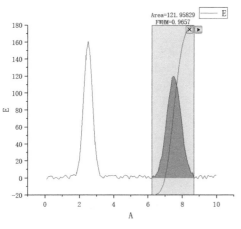

图 6-22　选定积分区域

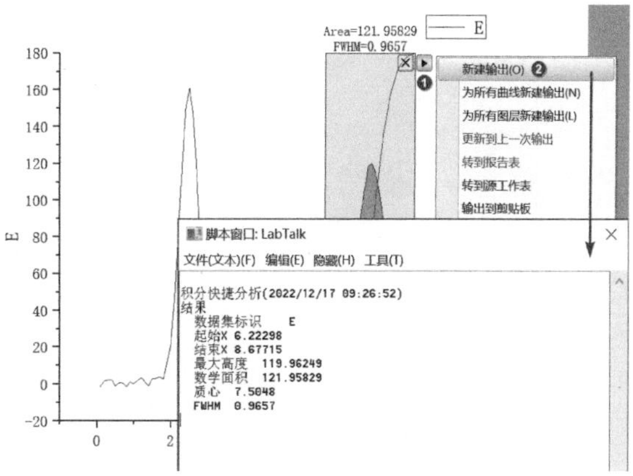

图 6-23　积分结果

6.2.2　基于基线积分

1）将一个空的数据表置前，在素材文件中找到 Peaks with Base.dat，将其拖动到工作表中，即可将数据导入工作表，如图 6-24 所示。选中 B（Y）、C（Y）列数据。

2）选择菜单栏中的"绘图"→"基础 2D 图"→"折线图"命令，即可直接生成图 6-25 所示的折线图。

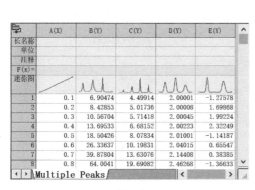

图 6-24　数据表（部分）

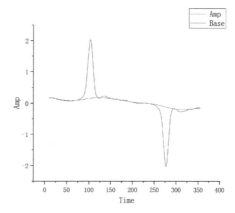

图 6-25　生成折线图

3）选择菜单栏中的"快捷分析"→"积分"命令，在弹出的"积分:addtool_curve_integ"对话框"基线"选项卡中设置"模式"为"使用现有数据集"，并选择 Plot（2）：Base 数据集，如图 6-26 所示，表示计算基线与曲线包围区域的面积积分。

4）单击"确定"按钮完成设置。此时会在图形窗口看到一个黄色矩形，如图 6-27 所示。其中，积分区域用灰色填充，值显示在矩形的顶部。

5）单击矩形右上角的 ▶ 按钮，在弹出的菜单中选择"扩展到整条曲线"命令，即可将积分范围扩展到整条曲线，如图 6-28 所示。

6）单击矩形右上角的 ▶ 按钮，在弹出的菜单中选择"新建输出"命令，即可将积分结果显示在脚本窗口中，如图 6-29 所示。

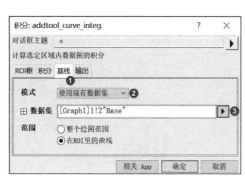

图 6-26 "积分：addtool_curve_integ"对话框

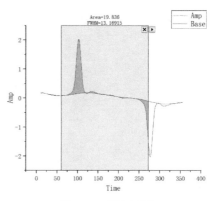

图 6-27 积分区域

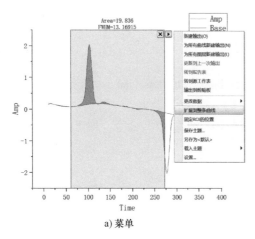

a) 菜单

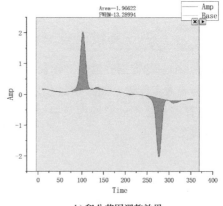

b) 积分范围调整效果

图 6-28 扩展积分范围

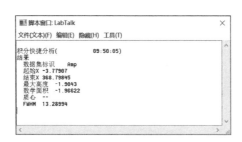

图 6-29 积分结果

6.3 曲线交点小工具

操作视频

当图形中有多条曲线时，可能需要计算这些曲线的交点，在 Origin 中，可以使用 Intersect 工具来实现。

1）在"标准"工具栏中单击 ▯（新建项目）按钮，新建一个项目。单击 ▱（打开）按钮，选择素材文件中的 Curve Intersection.ogwu，将其导入。数据表如图 6-30 所示。

2）将光标移动到数据表上方，在 A(X)上按住鼠标并拖动到 D(Y)，将所有数据列选中。

3）选择菜单栏中的"绘图"→"基础 2D 图"→"样条图"命令，即可直接生成图 6-31 所示的样条图。

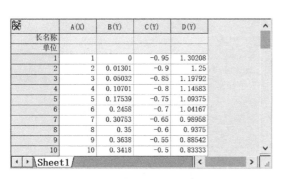

图 6-30 数据表（部分）

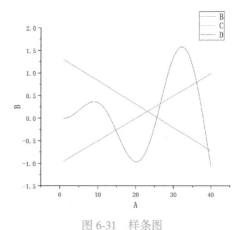

图 6-31 样条图

4）选择菜单栏中的"快捷分析"→"相交"命令，在弹出的"相交：addtool_curve_intersect"对话框"选项"选项卡"交点标记"选项组下设置"交点标签"，如图 6-32 所示，表示标识交点 Y 值。

5）单击"确定"按钮完成设置。此时会在图形窗口看到一个黄色矩形，其中给出了交点的 Y 值，如图 6-33 所示。

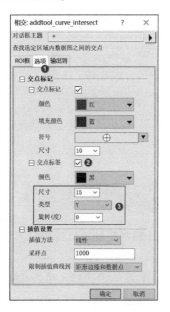

图 6-32 "相交：addtool_curve_intersect"对话框

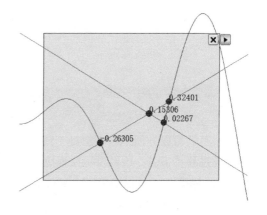

图 6-33 分析区域

6）单击矩形右上角的 ▶ 按钮，在弹出的菜单中选择"扩展到整条曲线"命令，即可使矩形覆盖整个绘图范围，如图 6-34 所示。

7）单击矩形右上角的 ▶ 按钮，在弹出的菜单中选择"设置"命令，即可打开"交点显示设置"对话框，在"输出到"选项卡中将"结果表名称"设置为"输入工作簿中的工作表"，如图 6-35 所示。

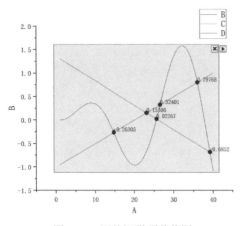

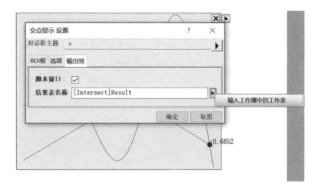

图 6-34 调整矩形覆盖范围　　　　　　　　图 6-35 "输出到"选项卡

8）单击"确定"按钮返回图形窗口。单击矩形右上角的 ▶ 按钮，在弹出的菜单中选择"新建输出"命令，即可将结果输出到脚本窗口，如图 6-36 所示。

9）单击矩形右上角的 ▶ 按钮，在弹出的菜单中选择"转到报告表"命令，交叉点的 X 和 Y 坐标将出现在报告表中，如图 6-37 所示。

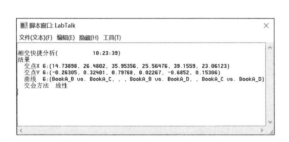

图 6-36 结果输出　　　　　　　　　　图 6-37 输出到报告表

6.4 插值小工具

插值小工具可以方便地在图形处于活动状态时对 ROI（感兴趣区域）执行快速插值。通过移动 ROI，还可以轻松地更改插值区域。

操作视频

1）在"标准"工具栏中单击 □（新建项目）按钮，新建一个项目。单击 📂（打开）按钮，选择素材文件中的 Interpolate.ogwu，将其导入。数据表如图 6-38 所示。

2）将光标移动到数据表上方，在 A（X）上按住鼠标并拖动到 B（Y），将所有数据列选中。

3）选择菜单栏中的"绘图"→"基础 2D 图"→"点线图"命令，即可直接生成图 6-39 所示的点线图。

4）选择菜单栏中的"快捷分析"→"插值"命令，在弹出的"插值: addtool_curve_interp"对话框"内插/外推选项"选项卡中设置"方法"为"三次样条"，"限制插值曲线到"为"内插/外推到矩形边缘"，如图 6-40 所示。

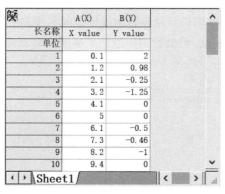

图 6-38　数据表

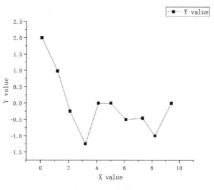

图 6-39　点线图

5）单击"确定"按钮完成设置。此时会在图形窗口看到一个黄色矩形及拟合曲线，矩形区域内给出了三次样条曲线，如图 6-41 所示。

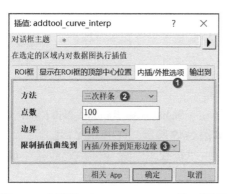

图 6-40　"插值：addtool_curve_interp"对话框

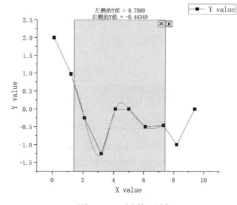

图 6-41　插值区域

通过移动或调整矩形的大小来更改插值范围，显示的插值曲线将随着矩形的移动而更新。

6）单击矩形右上角的 ▶ 按钮，在弹出的菜单中选择"扩展到整条曲线"命令，即可调整矩形以覆盖整个绘图范围，如图 6-42 所示。

7）该工具允许从给定的 X 值处查找 Y 值。单击矩形右上角的 ▶ 按钮，在弹出的菜单中选择"插值 X/Y"命令，打开"内插计算 X 对应的 Y"对话框。在对话框中输入多个 X 值并单击"插值"按钮，此时的插值结果会显示在 Y 文本框内，如图 6-43 所示。

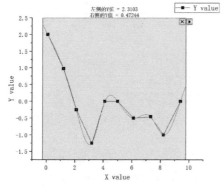

图 6-42　调整矩形覆盖范围

图 6-43　"内插计算 X 对应的 Y"对话框

8）在对话框中可以设置插值的 Y 值输出到脚本窗口、结果日志或指定的工作表中。在对话框中设置为输出到"脚本窗口"，单击"输出"按钮，可以看到插值结果如图 6-44 所示。

图 6-44　插值结果

6.5　脉冲响应分析小工具

操作视频

脉冲响应分析小工具可用于分析图表中阶梯状信号的上升和下降阶段。通过该工具可以直观地在图形上选择一个矩形区域，然后计算该区域内的上升时间或下降时间。

6.5.1　上升沿分析

1）将一个空的数据表置前，在素材文件中找到 Step Signal with Random Noise.dat 文件，将其拖动到工作表中，即可将数据导入工作表。数据如图 6-45 所示，选中 B（Y）列。

2）选择菜单栏中的"绘图"→"基础 2D 图"→"折线图"命令，即可直接生成图 6-46 所示的折线图。

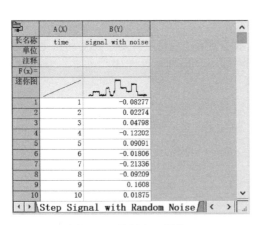

图 6-45　数据表（部分）

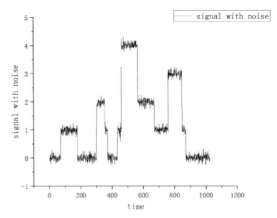

图 6-46　生成折线图

3）双击 X 轴，在弹出的"X 坐标轴-图层 1"对话框中设置"起始""结束"分别为 400、700，同时将"主刻度"→"类型"设置为"按增量 50"，如图 6-47 所示，调整图形显示范围，此时的图形如图 6-48 所示。

4）选择菜单栏中的"快捷分析"→"脉冲响应分析"命令，在弹出的"脉冲响应分析：addtool_rise_ti..."对话框"在图上显示"选项卡中勾选"上升时间"与"上升范围"复选框，如图 6-49 所示。

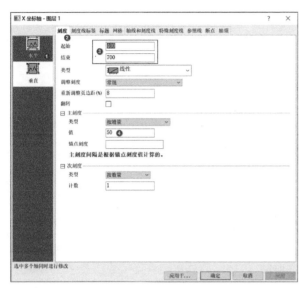

图 6-47　坐标轴设置　　　　　图 6-48　调整图形显示范围

5）单击"确定"按钮完成设置。此时会在图形窗口看到一个黄色矩形，如图 6-50 所示。可以发现当前所选区域没有上升范围。

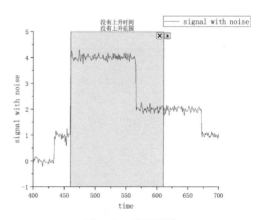

图 6-49　"脉冲响应分析：addtool_rise_ti..."对话框　　　图 6-50　选择区域

6）在上升信号步长上水平移动矩形，如图 6-51 所示。随着矩形的移动，在图中可以看到：①"上升时间"和"上升范围"值显示在矩形的顶部；②两条蓝色竖直线标记上升时间；③显示低参考水位和高参考水位的两条蓝色水平线标记上升范围；④两条红色水平线显示低状态电平和高状态电平。

7）单击矩形右上角的 ▶ 按钮，在弹出的菜单中选择"新建输出"命令，即可将结果输出到脚本窗口。

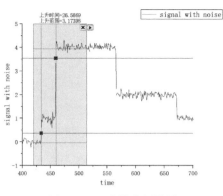

图 6-51　上升沿分析结果

6.5.2 下降沿分析

1）水平移动矩形至下降信号步长上，单击矩形右上角的 ▶ 按钮，在弹出的菜单中选择"设置"命令，如图 6-52 所示，即可弹出"上升时间 设置"对话框。

2）"ROI 框"选项卡中的"工具"选择"下降时间"，如图 6-53 所示，单击"确定"按钮退出对话框，此时在图中可以看到下降时间及下降范围，如图 6-54 所示。

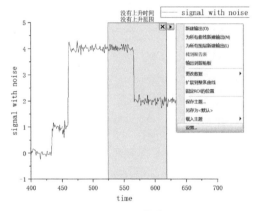

图 6-52　菜单

图 6-53　"上升时间 设置"对话框

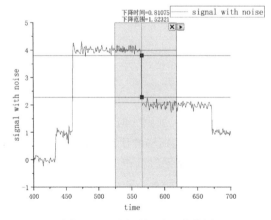

图 6-54　下降时间及下降范围

6.6 快速寻峰小工具

6.6.1 快速寻峰

操作视频

快速寻峰小工具可用于在 ROI 中完成拾取峰值、减去基线、整合峰值和拟合峰值的操作。也可以将此工具与峰值分析器结合使用。

1）将一个空的数据表置前，在素材文件中找到 Zircon.dat，将其拖动到工作表中，即可将数据导入工作表。数据如图 6-55 所示，选中 B(Y) 列。

2）选择菜单栏中的"绘图"→"基础 2D 图"→"折线图"命令，即可直接生成图 6-56 所示的折线图。

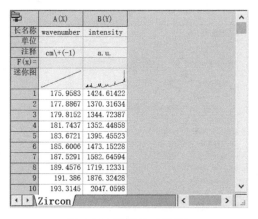

图 6-55 数据表（部分）

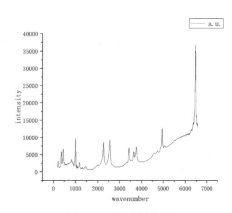

图 6-56 生成折线图

3）选择菜单栏中的"快捷分析"→"快速寻峰"命令，在弹出的"快速寻峰:addtool_quick..."对话框"基线"选项卡中选择"范围"中的"整个绘图范围"单选按钮，如图 6-57 所示。

4）单击"确定"按钮完成设置。此时会在图形窗口看到一个黄色矩形，如图 6-58 所示。当前黄色矩形内找到并标记了 7 个峰。

图 6-57 "快速寻峰:addtool_quick..."对话框

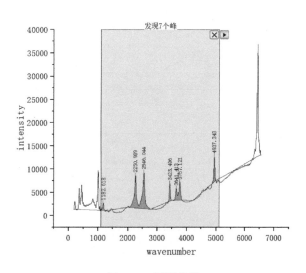

图 6-58 寻到的峰

5）调整矩形的大小，使其覆盖全部图形。单击矩形右上角的 ▶ 按钮，在弹出的菜单中选择"扩展到整条曲线"命令，如图 6-59 所示。

6）基线和峰值查找需要进一步细化。单击矩形右上角的 ▶ 按钮，在弹出的菜单中选择"设置"命令，即可弹出"快速峰拟合 设置"对话框。

7）在"基线"选项卡中进行图 6-60a 所示设置，在"寻峰"选项卡中进行图 6-60b 所示设置。单击"确定"按钮应用设置并关闭对话框，此时寻峰结果如图 6-61 所示。

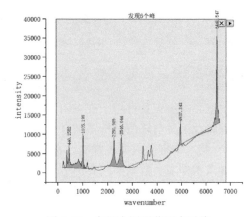

图 6-59　在整个图形范围内寻峰

a) "基线"选项卡

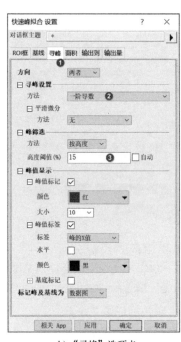

b) "寻峰"选项卡

图 6-60　"快速峰拟合　设置"对话框

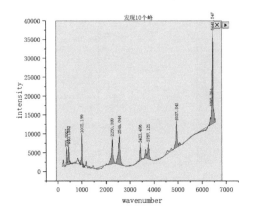

图 6-61　寻峰结果

说明：此时基线和峰值的查找结果比之前更全面了，这可以归因于基线的阈值和最大锚点数优化以及查找峰值的阈值高度。

8）单击矩形右上角的 ▶ 按钮，在弹出的菜单中选择"新建输出"命令，即可将结果输出到新的工作簿。

9）继续单击右上角的 ▶ 按钮，在弹出的菜单中选择"转到报告表"命令，即可打开工作簿窗口查看输出的结果，如图 6-62 所示。

长名称	A	B	C(X1)	D(X2)	E(Y2)	F(Y2)	G(Y2)	H(Y2)	I
F(x)=	数据集标识	峰ID	峰值行	峰值X	峰值Y	高度	峰面积	FWHM	信息
注释						从基线算起的峰高			
1	a. u.	Peak 1	94	355.3057	5883.32381	4124.30616	137654.78166	32.41157	[基线]
2	a. u.	Peak 2	138	440.1582	6622.58143	4705.35147	228164.00434	38.8872	模式 = 2nd
3	a. u.	Peak 3	431	1005.199	9687.95699	7805.20699	276751.37085	32.40505	Derivative
4	a. u.	Peak 4	1077	2250.989	8735.86589	6676.2006	536700.84831	50.2943	平滑方法 =
5	a. u.	Peak 5	1230	2546.044	9375.11743	7504.11144	697127.49682	67.55622	相邻平均法
6	a. u.	Peak 6	1685	3423.496	7014.48113	4072.97629	183616.16951	39.22591	窗口大小 =
7	a. u.	Peak 7	1858	3757.121	7245.12389	3871.15745	387071.09463	154.52182	1
8	a. u.	Peak 8	2470	4937.343	12846.63008	6431.04975	428548.23723	42.79171	阈值 = 0.1
9	a. u.	Peak 9	3226	6395.264	16607.24058	4070.3318	194957.89507	27.79123	锚点数 = 15
10	a. u.	Peak 10	3250	6441.547	36844.54608	24131.39862	1082598.39544	37.27226	Connect
11									Type = 线条
12									

◄ ► \ **Result** ⁄ Tag ⁄

图 6-62　查看输出结果

10）将图形窗口置前。单击矩形右上角的 ▶ 按钮，在弹出的菜单中选择"减去基线"命令，单击弹出的"注意！"对话框中的"确定"按钮，如图 6-63 所示，即可从数据中减去基线。

说明：在减去基线后检查工作表，如果没有发生任何变化，这是因为数据是通过连接导入的。该情况下，需要单击原始数据表左上角的绿色图标 🔲（数据连接器），在弹出的快捷菜单中单击"解锁导入的数据"或"删除数据连接器"命令，此时图标变为黄色 🔲，然后再次执行减去基线操作即可。

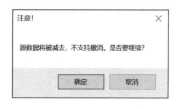

注意！

源数据将被减去，不支持撤消，是否要继续？

确定　　取消

图 6-63　"注意！"对话框

11）减去基线后的图形如图 6-64 所示。单击右上角的 ✕（关闭）按钮关闭快速寻峰小工具，此时的图形如图 6-65 所示。

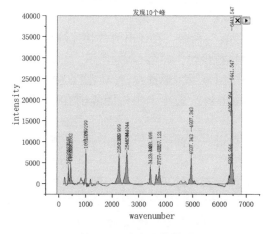

图 6-64　减去基线效果

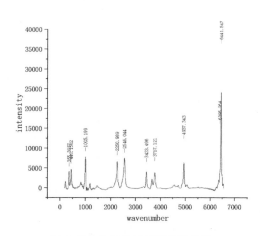

图 6-65　关闭快速寻峰工具效果

说明：对于高级拟合选项，可以将快速寻峰小工具与峰值分析器结合使用。

6.6.2 与峰值分析器配合使用

快速寻峰小工具提供了进行峰值分析的直观方式，峰值分析器（Peak Analyzer）则提供了进一步的峰值查找、拟合等操作。

分析峰值时可以先使用快速寻峰小工具查找峰值，然后使用峰值分析器分析峰值。整个分析过程可以保存为峰值分析器的主题，以供将来使用或进行批处理操作。

1. 创建初始图形

1）在"标准"工具栏中单击 ▢（新建项目）按钮，新建一个项目。单击 ☞（打开）按钮，选择素材文件中的 Quick Peaks Gadget with Peak Analyzer. ogwu，将其导入。数据表如图 6-66 所示。

2）将光标移动到数据表上方，将所有数据列选中。

3）选择菜单栏中的"绘图"→"基础 2D 图"→"折线图"命令，即可直接生成图 6-67 所示的折线图。

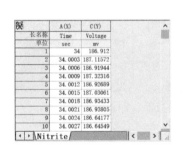

图 6-66 数据表（部分）

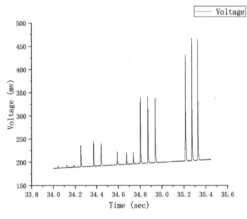

图 6-67 折线图

2. 快速寻峰

1）选择菜单栏中的"快捷分析"→"快速寻峰"命令，在弹出的"快速寻峰"对话框中单击"确定"按钮，此时会有一个黄色矩形添加到绘图区域。

2）单击矩形（ROI 框）右上角的 ▶ 按钮，选择"设置"命令，在弹出的"快速峰拟合 设置"对话框"ROI 框"选项卡中的"X 刻度"选项组中进行设置，如图 6-68a 所示。

3）在"基线"选项卡中勾选"范围"中的"整个绘图范围"单选按钮，如图 6-68b 所示。在"寻峰"选项卡中按图 6-68c 所示进行设置。在"输出到"选项卡中按图 6-68d 所示进行设置。

4）单击"确定"按钮完成设置。此时会在图表上看到一个黄色矩形，如图 6-69 所示。可以发现当前黄色矩形内找到并标记了 3 个峰。

5）单击矩形右上角的 ▶ 按钮，在弹出的菜单中选择"新建输出"命令，即可将结果输出到新的工作簿 QkPeak 中。

6）继续单击右上角的 ▶ 按钮，在弹出的菜单中选择"转到报告表"命令，即可打开工作簿 QkPeak 查看输出的结果，如图 6-70 所示。

a)"ROI框"选项卡

b)"基线"选项卡

c)"寻峰"选项卡

d)"输出到"选项卡

图 6-68 "快速峰拟合 设置"对话框

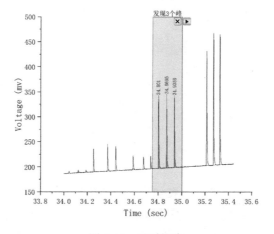

图 6-69 寻到的峰

长名称	A	B	C(X1)	D(X2)	E(Y2)	F(Y2)	G(Y2)	H(Y2)	I
	数据集标识	峰ID	峰值行	峰值X	峰值Y	高度	峰面积	FWHM	信息
F(x)=									
注释						从基线算起的峰高			
1	Voltage	Peak 1	2769	34.801	339.64548	142.39745	0.59145	0.00321	[基线]
2	Voltage	Peak 2	3006	34.8695	341.8306	143.77188	0.63798	0.0036	模式 = 2nd
3	Voltage	Peak 3	3235	34.9358	338.89009	139.8831	0.61917	0.00371	Derivative
4									平滑方法 =
5									
6									

图 6-70　查看输出量

3. 峰值拟合

1）下面通过峰值分析器进行峰值拟合。单击矩形右上角的 ▶ 按钮，在弹出的菜单中选择"切换到 Peak Analyzer"命令，即可打开峰值分析器。

说明：在峰值分析器中，拟合峰值目标已选定，基线模式和峰值查找方法遵循快速峰值小工具中的设置。

2）单击"下一步"按钮，直接转到峰值拟合界面，如图 6-71 所示，然后单击"拟合"按钮以使用默认的高斯函数拟合 3 个找到的峰值。

3）单击右上角的 ▶ （选择对话框主题）按钮，在出现的快捷菜单中选择"另存为"，在弹出的"主题另存为"对话框中设置"主题名称"为 MyQuickPeaks，如图 6-72 所示，单击"确定"按钮，即可将此分析保存为名为 MyQuickPeaks 的主题。

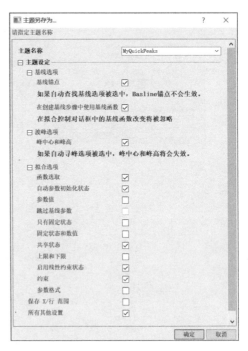

图 6-71　峰值分析器　　　　　　　图 6-72　"主题另存为"对话框

4）在峰值分析器中，单击"完成"按钮以生成峰值拟合结果，如图 6-73 所示。

说明：MyQuickPeaks 主题可用于批量峰值分析。使用主题时选择菜单栏中的"分析"→"峰值和基线"→"峰值分析"命令，打开"峰值分析"对话框进行操作。当有多个相似的数据文件时，批量峰值分析非常实用。

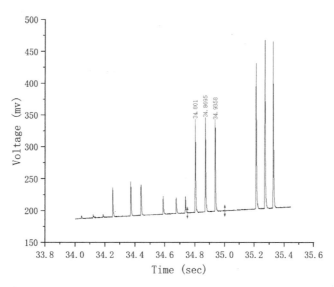

图 6-73　峰值拟合结果

6.7　集群分析小工具

Origin 中的集群分析小工具能对图形中用户感兴趣的区域（ROI）执行简单的统计分析。该工具还可用于编辑、清除、屏蔽、分类数据点等。当 ROI 对象移动或调整大小时，统计结果会动态更新。

6.7.1　简单统计分析

1. 生成初始图形

操作视频

1）将一个空的数据表置前，在素材文件中找到 Categorical Data.dat，将其拖动到工作表中，即可将数据导入工作表。观察 D（Y）列可以发现数据被分为 3 组。

2）单击原始数据表左上角的绿色图标 （数据连接器），在弹出的快捷菜单中单击"解锁导入的数据"命令，此时图标变为黄色 ，断开数据与原数据的连接。

3）选中所有的列，并在 D（Y）列上右击，在弹出的快捷菜单中选择"列排序"→"自定义"命令，在弹出的"嵌套排序"对话框中进行图 6-74 所示设置，单击"确定"按钮退出对话框，即可将数据重新排序，如图 6-75 所示。

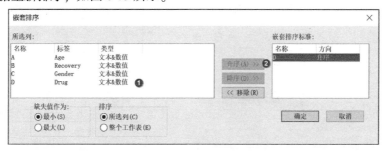

图 6-74　"嵌套排序"对话框

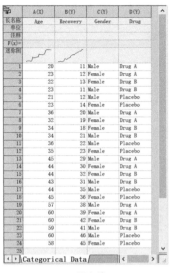
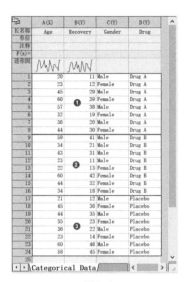

a) 排序前   b) 排序后

图 6-75　数据表

4）拖动选中第一组 B（Y）列数据，然后按住〈Ctrl〉键的同时拖动选中第二组 B（Y）列数据后松开〈Ctrl〉键，同样，按住〈Ctrl〉键的同时拖动选中第三组数据，如图 6-75b 所示。

5）选择菜单栏中的"绘图"→"基础 2D 图"→"散点图"命令，即可直接生成图 6-76 所示的散点图。

2. 调整图例

1）在图例上右击，在弹出的快捷菜单中选择"属性"命令，弹出"文本对象-Legend"对话框，按图 6-77 所示进行修改。

2）单击"确定"按钮完成图例的修改，根据图面布局调整图例的位置，最终效果如图 6-78 所示。

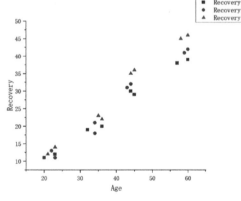

图 6-76　散点图

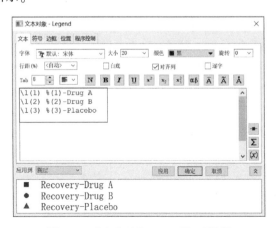

图 6-77　"文本对象-Legend"对话框

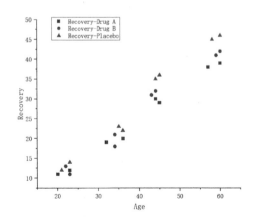

图 6-78　调整图例效果

3. 集群分析

1）选择菜单栏中的"快捷分析"→"集群分析"命令，在弹出的"集群分析：addtool_cluster"对话框"ROI框"选项卡中设置"形状"为"圆形"，如图6-79所示。

2）单击"确定"按钮完成设置。此时会在图形窗口看到一个黄色圆形，同时会弹出"集群分析快捷工具：编辑内点-所有曲线"对话框，如图6-80所示。

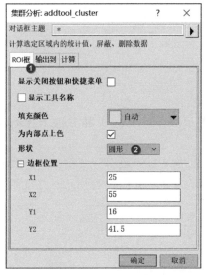

图 6-79 "集群分析：addtool_cluster" 对话框

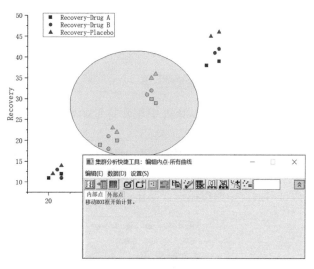

图 6-80 黄色圆形被添加到绘图区

3）选中圆形，拖动控点调整圆形的选择范围（获取统计信息的区域），被选中点的统计信息会出现在"集群分析快捷工具：编辑内点-所有曲线"对话框中，如图6-81所示。

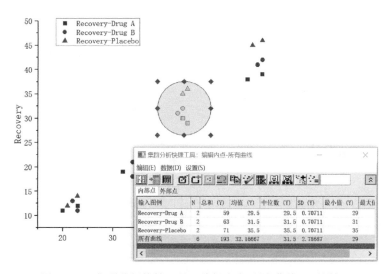

图 6-81 "集群分析快捷工具：编辑内点-所有曲线"对话框

4）单击对话框工具栏中的 ▦（输出统计报告）按钮，会弹出脚本窗口，在对话框中继续单击 ▦（转到报告表）按钮，此时会将统计结果输出到图6-82所示的 Cluster 工作簿中。

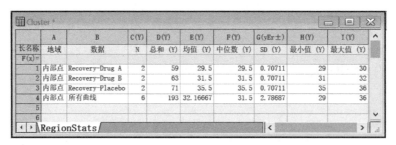

图 6-82　Cluster 工作簿

6.7.2　剔除数据点

下面将展示如何从集群中剔除特定的数据点。基于以上示例，对 Drug A 和 Drug B（不含 Placebo）的回收率进行简单统计。

1）在"集群分析快捷工具：编辑内点-所有曲线"对话框中单击"数据"菜单，然后取消选中 Plot（1）和 Plot（2）。此时列表中第一行和第二行将变为灰色，如图 6-83 所示，并且不能再通过对话框中的按钮进行操作。

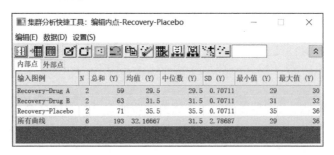

图 6-83　第一行和第二行变为灰色

2）单击 （屏蔽数据点）按钮，圆形中的 Placebo 数据点即被屏蔽，边线颜色变为红色，同时 Placebo 的统计结果变为缺失值，如图 6-84 所示。

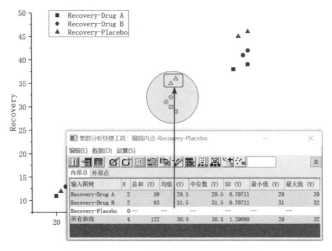

图 6-84　Placebo 的统计结果变为缺失值

3）单击对话框工具栏中的 （输出统计报告）按钮，会弹出脚本窗口，在对话框中继续单击 （转到报告表）按钮，此时会将统计结果输出到 Cluster 工作簿中，如图 6-85 所示，其中不再包含剔除点的统计信息。

图 6-85　剔除点后的统计信息

6.7.3　获取 ROI 外点的统计结果

1）在"集群分析快捷工具：编辑内点-Recovery-Placebo"对话框中选择"设置"→"设置"命令，打开"集群操作 设置"对话框。

2）在"计算"选项卡中勾选"计算外部点"复选框，如图 6-86 所示。单击"确定"按钮，ROI 外点的统计结果将显示在"集群分析快捷工具：编辑内点-Recovery-Placebo"对话框的"外部点"选项卡上，如图 6-87 所示。

图 6-86　"集群操作 设置"对话框

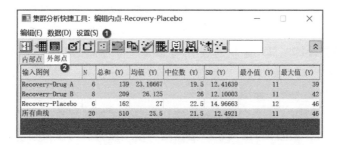

图 6-87　显示外部点统计信息

3）单击对话框工具栏中的 ▦（输出统计报告）按钮，会弹出脚本窗口，在对话框中继续单击 ▦（转到报告表）按钮，此时会将统计结果输出到 Cluster 工作簿中，如图 6-88 所示。

长名称	A 地域	B 数据	C(Y) N	D(Y) 总和 (Y)	E(Y) 均值 (Y)	F(Y) 中位数 (Y)	G(yEr±) SD (Y)	H(Y) 最小值 (Y)	I(Y) 最大值 (Y)
F(x)=									
8	内部点	所有曲线	4	122	30.5	30.5	1.29099	29	32
9	内部点	Recovery-Drug A	2	59	29.5	29.5	0.70711	29	30
❶10	外部点	Recovery-Drug A	6	139	23.16667	19.5	12.41639	11	39
11	内部点	Recovery-Drug B	2	63	31.5	31.5	0.70711	31	32
❷12	外部点	Recovery-Drug B	8	209	26.125	26	12.10003	11	42
13	内部点	Recovery-Placebo	0	--	--	--	--	--	--
❸14	外部点	Recovery-Placebo	6	162	27	22.5	14.96663	12	46
15	内部点	所有曲线	4	122	30.5	30.5	1.29099	29	32
❹16	外部点	所有曲线	20	510	25.5	21.5	12.4921	11	46

RegionStats

图 6-88　输出外部点的统计结果

6.7.4　为不同区域中的数据点配色

通过集群分析小工具可以对图形中的数据点直接进行分类，并将类别组列输出到源工作表中，然后将符号字符等进一步映射到类别组列实现数据组的配色。

1. 创建初始图形

1）在"集群分析快捷工具"对话框中单击 ▦（取消屏蔽数据点）按钮，ROI 中的 Placebo 数据点即被取消屏蔽。

2）将原始数据表置前，单击 B（Y）列数据将其选中。选择菜单栏中的"绘图"→"基础 2D 图"→"散点图"命令，即可直接生成图 6-89 所示的散点图。

由图可知，数据分为 4 组，下面使用集群分析小工具的"创建类别"功能根据集群组创建一个类别列，并将符号颜色映射到此列。

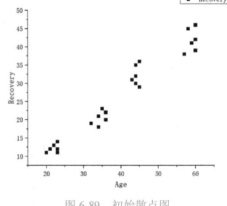

图 6-89　初始散点图

2. 创建集群

1）选择菜单栏中的"快捷分析"→"集群分析"命令，在弹出的"集群分析：addtool_cluster"对话框"ROI 框"选项卡中设置"形状"为"圆形"，如图 6-90 所示。

2）单击"确定"按钮完成设置。此时会在图形窗口看到一个黄色圆形，同时会弹出"集群分析快捷工具：编辑内点-所有曲线"对话框，如图 6-91 所示。

3）选中圆形，拖动控点移动并调整其大小，使其仅在左下角的第一个数据点簇上，如图 6-92 所示。

4）在"集群分析快捷工具：编辑内点-所有曲线"对话框中单击 ▦（创建类别）按钮，在弹出的"创建分类值"对话框中将"类别组名称"改为 Group，在"类别"中输入 1，勾选"按类别设置线颜色"复选框，如图 6-93 所示。

5）单击"确定"按钮，一个名为 Group 的新分类列添加到源数据表中，ROI 内的数据点在此列（组）中标记为 1，如图 6-94a 所示。散点图将使用该分类列作为颜色索引。

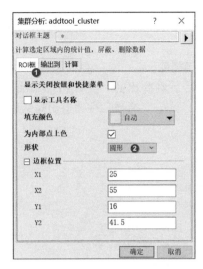

图 6-90 “集群分析:addtool_cluster”对话框

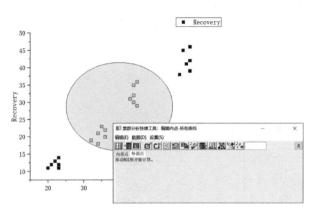

图 6-91 黄色圆形被添加到绘图区

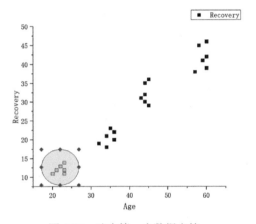

图 6-92 选中第一个数据点簇

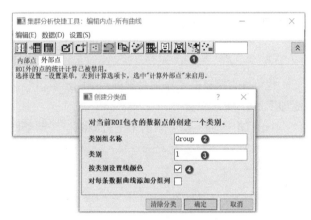

图 6-93 “创建分类值”对话框

6）对其余 3 个集群重复以上步骤，依次将其标记为 2、3、4，最终结果如图 6-94b 所示。

	A(X)	B(Y)	C(Y)	D(Y)	E(Y)
长名称	Age	Recovery	Gender	Drug	Group
单位					
注释					Categories
F(x)=					
迷你图					
类别					undefined
1	20	11	Male	Drug A	1
2	23	12	Female	Drug A	1
3	45	29	Male	Drug A	undefined
4	60	39	Female	Drug A	undefined
5	57	38	Male	Drug A	undefined
6	32	19	Female	Drug A	undefined
7	36	20	Male	Drug A	undefined
8	44	30	Female	Drug A	undefined
9	59	41	Male	Drug B	undefined
10	34	21	Male	Drug B	undefined
11	43	31	Male	Drug B	undefined
12	23	11	Male	Drug B	1
13	22	13	Female	Drug B	1
14	60	42	Female	Drug B	undefined
15	44	32	Female	Drug B	undefined
16	34	18	Female	Drug B	undefined
17	21	12	Male	Placebo	1
18	45	36	Female	Placebo	undefined
19	44	35	Male	Placebo	undefined
20	35	23	Female	Placebo	undefined
21	36	22	Male	Placebo	undefined
22	23	14	Female	Placebo	1
23	60	46	Male	Placebo	undefined
24	58	45	Female	Placebo	undefined

Categorical Data

a) 第一个数据点簇集群

	A(X)	B(Y)	C(Y)	D(Y)	E(Y)
长名称	Age	Recovery	Gender	Drug	Group
单位					
注释					Categories
F(x)=					
迷你图					
类别					undefined
1	20	11	Male	Drug A	1
2	23	12	Female	Drug A	1
3	45	29	Male	Drug A	3
4	60	39	Female	Drug A	4
5	57	38	Male	Drug A	4
6	32	19	Female	Drug A	2
7	36	20	Male	Drug A	2
8	44	30	Female	Drug A	3
9	59	41	Male	Drug B	4
10	34	21	Male	Drug B	2
11	43	31	Male	Drug B	3
12	23	11	Male	Drug B	1
13	22	13	Female	Drug B	1
14	60	42	Female	Drug B	4
15	44	32	Female	Drug B	3
16	34	18	Female	Drug B	2
17	21	12	Male	Placebo	1
18	45	36	Female	Placebo	3
19	44	35	Male	Placebo	3
20	35	23	Female	Placebo	2
21	36	22	Male	Placebo	2
22	23	14	Female	Placebo	1
23	60	46	Male	Placebo	4
24	58	45	Female	Placebo	4

Categorical Data

b) 对所有数据点进行类别标注

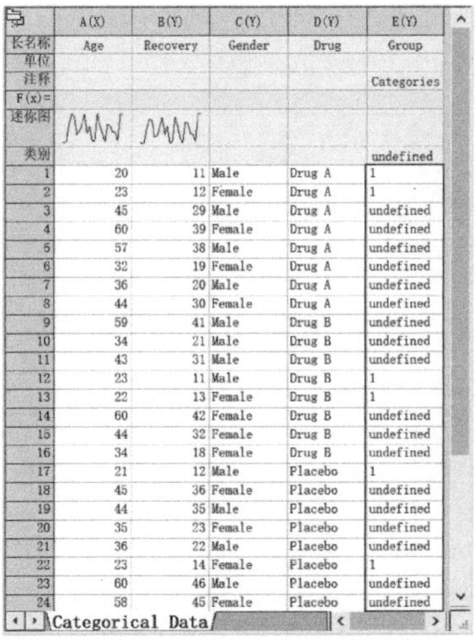

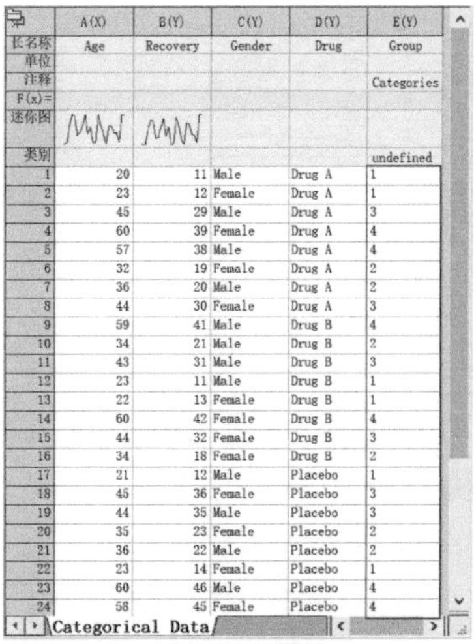

图 6-94 数据集群

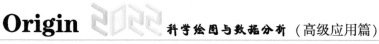

7）关闭"集群分析快捷工具:编辑内点-所有曲线"对话框，此时的图表如图 6-95 所示。

3. 调整图例

1）在图形窗口中单击图例将其选中，然后按〈Delete〉键删除。

2）选择菜单栏中的"图"→"图例"→"类别值"命令，在弹出的"类别值:legendcat"对话框中取消勾选"显示所有类别"复选框，如图 6-96 所示，单击"确定"按钮退出对话框。

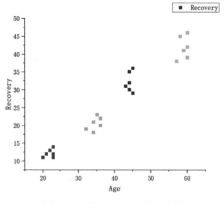

图 6-95　集群分组后的图形

图 6-96　"类别值:legendcat"对话框

也可以直接单击"添加对象到当前图形窗口"工具栏中的 ⊞（重构图例）按钮，即可在图中添加图 6-97 所示图例。

3）双击图例，将多余的第一行删除，并调整图例大小以及删除图例边框，最终的图形效果如图 6-98 所示。

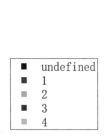

图 6-97　添加的图例

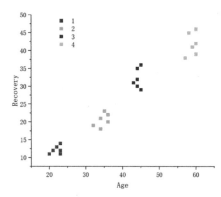

图 6-98　最终图形效果

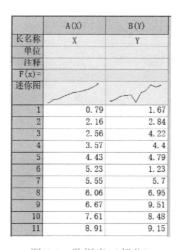

第7章 曲线拟合

数据处理和科技论文对数据结果讨论中，通过需要对数据进行曲线拟合，尝试描述不同变量之间的关系，找出相应函数的系数，建立经验公式或数学模型。曲线拟合可以分为线性拟合与非线性拟合两类。其中，线性拟合是数据分析中最基础的拟合方法；当数据不符合线性关系时，通常会进一步尝试采用非线性拟合方法来描述数据之间的关系。Origin 提供了强大的数据拟合功能，下面通过示例进行讲解。

7.1 线性拟合和异常值剔除

异常值数据点与其他点"非常远"，可能是由测量中的故障等因素所造成的，因此需要剔除。

下面的示例利用 Outliter.ogwu 文件中的数据实现线性拟合和异常值剔除操作，数据表如图 7-1 所示。

	A(X)	B(Y)
长名称	X	Y
单位		
注释		
F(x)=		
迷你图		
1	0.79	1.67
2	2.16	2.84
3	2.56	4.22
4	3.57	4.4
5	4.43	4.79
6	5.23	1.23
7	5.55	5.7
8	6.06	6.95
9	6.67	9.51
10	7.61	8.48
11	8.91	9.15

操作视频

图 7-1　数据表（部分）

7.1.1 生成初始图形

1）将光标移动到数据表上方，选中 B(Y) 数据列。

2）选择菜单栏中的"绘图"→"基础 2D 图"→"散点图"命令，即可直接生成图 7-2 所示的散点图。

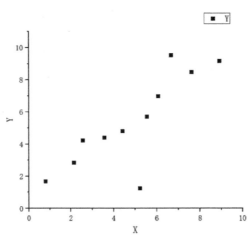

图 7-2　生成散点图

7.1.2　数据线性拟合

1）将图形窗口置前，选择菜单栏中的"分析"→"拟合"→"线性拟合"命令，即可弹出"线性拟合"对话框。将对话框上方的"重新计算"设置为"自动"。

2）在"拟合控制"选项卡中勾选"表观拟合"复选框，如图 7-3a 所示。在"残差分析"选项卡中勾选"常规"与"标准化"复选框，如图 7-3b 所示。其余选项卡保持默认设置。

a）"拟合控制"选项卡　　　　　　　　　　　　b）"残差分析"选项卡

图 7-3　"线性拟合"对话框

3）设置完成后单击"确定"按钮退出对话框，此时弹出"提示信息"对话框询问是否切换到报告表，如图 7-4 所示，选中"是"即可，单击"确定"按钮退出。

4）此时会在工作簿中出现 FitLinear1 与 FitLinearCurve1 两张工作表，如图 7-5 所示。同时图形窗口显示了拟合的曲线结果，如图 7-6 所示。

5）在图形窗口调整图例及拟合信息表格的大小及位置，字体设置为 Arial Narrow，使图形显得更为协调，效果如图 7-7 所示。

图 7-5　线性拟合报表

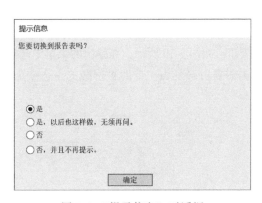

图 7-4　"提示信息"对话框

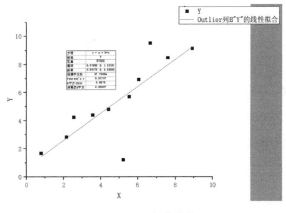

图 7-6　显示拟合曲线

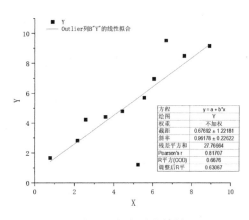

图 7-7　调整后的效果

6）进入 FitLinearCurve1 工作表，E（Y2）列（标准化残差列）第 6 行的数值为 −2.54889，说明对应的数据为异常值，如图 7-8 所示。

长名称	A(X1) 自变量	B(Y1) Outlier列"Y"的线性拟合	C(X2) 自变量	D(Y2) Outlier列"Y"的常规残差	E(Y2) Outlier列"Y"的标准化残差	F(Y2) Outlier列"Y"的常规残差	G(X3) 拟合Y值	H(Y3) Outlier列"Y"的常规残差	I(X4) Outlier列"Y"的常规残差	J(Y4) 百分位数	K(X5) 参照X	L(Y5) 参照线
单位											mu = 0.000000	sigma = 1.66633
注释												
参数		拟合曲线图				残差的直方图	残差 vs. 预测值图			残差的正态概率图		
F(x)=												
1	0.79	1.43673	0.79	0.23327	0.13281	0.23327	1.43673	0.23327	−4.47705	5.55556	−3.1902	2.77778
2	1.69222	2.30447	2.16	0.08563	0.04875	0.08563	2.75437	0.08563	−0.31482	14.44444	3.1902	97.22222
3	2.59444	3.17221	2.56	1.08092	0.61539	1.08092	3.13908	1.08092	−0.14762	23.33333		
4	3.49667	4.03996	3.57	0.28951	0.16483	0.28951	4.11049	0.28951	−0.09641	32.22222		
5	4.39889	4.9077	4.43	−0.14762	−0.08404	−0.14762	4.93762	−0.14762	0.08563	41.11111		
6	5.30111	5.77544	5.23	−4.47705	−2.54889	−4.47705	5.70705	−4.47705	0.23327	50		
7	6.20333	6.64318	5.55	−0.31482	−0.17923	−0.31482	6.01482	−0.31482	0.28951	58.88889		
8	7.10556	7.51093	6.06	0.44467	0.25316	0.44467	6.50533	0.44467	0.44467	67.77778		
9	8.00778	8.37867	6.67	2.41798	1.37662	2.41798	7.09202	2.41798	0.48391	76.66667		
10	8.91	9.24641	7.61	0.48391	0.2755	0.48391	7.99609	0.48391	1.08092	85.55556		
11			8.91	−0.09641	−0.05489	−0.09641	9.24641	−0.09641	2.41798	94.44444		
12												

图 7-8　异常值

7.1.3 屏蔽数据点

1. 在工作表中屏蔽

将工作簿中的 Outlier 工作表置前，单击第 6 列选中并停靠，在弹出的浮动工具栏中单击 🐵 （屏蔽/取消屏蔽数据）按钮，如图 7-9 所示。此时工作表中被屏蔽的数据及图形窗口中被屏蔽的点均以红色显示。

2. 在图中屏蔽

1）单击"工具"工具栏中的 ⬚ （屏蔽点）按钮，如图 7-10 所示，在弹出的菜单中选择"屏蔽活动绘图上的点"命令，此时光标变为 ⬚ ，单击需要屏蔽的点，此时被屏蔽的点会变为红色。

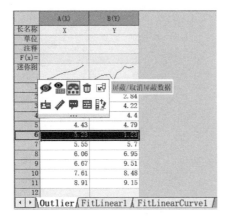

图 7-9　浮动工具栏

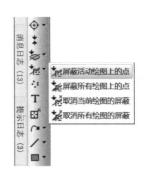

图 7-10　工具栏中的屏蔽点工具

2）单击"工具"工具栏中的 ⬚ （屏蔽点）按钮，在弹出的菜单中选择"取消当前绘图的屏蔽"命令，此时光标变为 ⬚ˣ ，单击需要取消屏蔽的点，可以将已屏蔽的点取消屏蔽。

执行上述操作后，图中拟合信息表格的数据也会自动更新，如图 7-11 所示。

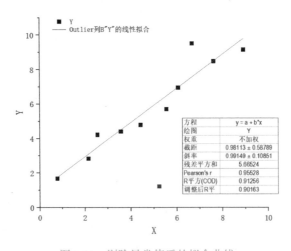

图 7-11　剔除异常值后的拟合曲线

7.1.4 添加置信带/残差带

1）将 FitLinear1 工作表置前后右击，在弹出的快捷菜单中选择"更改参数"命令，如图 7-12

所示，即可重新弹出"线性拟合"对话框。在该对话框中重新进行参数设置。

2）在"拟合曲线图"选项卡中勾选"置信带"复选框，如图 7-13 所示，单击"确定"按钮，此时的图形窗口曲线添加了置信带，如图 7-14 所示。

 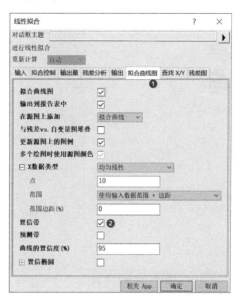

图 7-12　右键快捷菜单　　　　　　　　图 7-13　"拟合曲线图"选项卡

3）如果在"拟合曲线图"选项卡中勾选"预测带"复选框，则图形效果如图 7-15 所示。

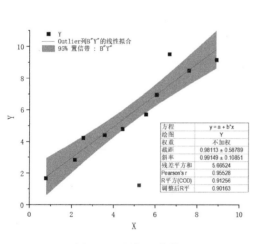 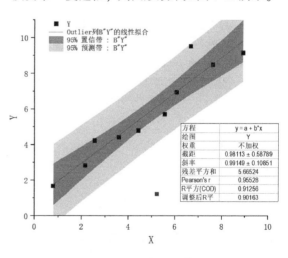

图 7-14　添加置信带　　　　　　　　　图 7-15　添加预测带

7.2　动力学模型的线性拟合

　　非线性动力学模型广泛应用于自然科学的许多学科，如物理、化学、生物学。实验中通过对原始数据的拟合可以获得动力学模型中的所有关键参数。

　　原始数据可以直接通过动力学方程的表达式进行非线性拟合，也可以通过以因变量与自变量线性相关的方式变换方程，进而应用线性拟合。

下面的示例利用 LangmuirModel. dat 文件中的数据实现线性拟合和异常值剔除操作，数据表如图 7-16 所示。

操作视频

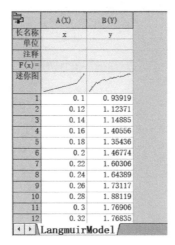

图 7-16　数据表（部分）

7.2.1　模型线性转换

Langmuir 模型由以下非线性方程描述：

$$y = \frac{y_m kx}{1+kx}$$

式中，y_m 与 k 是需要获得的拟合参数。

为了实现 Langmuir 模型的线性拟合，可以通过两种不同的方法将其转换为线性方程。

1）将其转换为传统的线性 Langmuir 方程：

$$y = -\frac{1}{K} \cdot \frac{y}{x} + y_m$$

式中，自变量为 y/x，因变量为 y，斜率为 $-1/K$，截距为 y_m。

2）将其转换为双倒数线性 Langmuir 方程：

$$\frac{1}{y} = \frac{1}{y_m K} \cdot \frac{1}{x} + \frac{1}{y_m}$$

式中，自变量为 $1/x$，因变量为 $1/y$，斜率为 $1/(y_m K)$，截距为 $1/y_m$。

7.2.2　数据输入与调整

将一个空的数据表置前，在素材文件中找到 LangmuirMod-el. dat，将其拖动到工作表中，即可将数据导入工作表。在"迷你图"上单击停靠，在弹出的浮动工具栏中单击 👁 （隐藏）按钮，将迷你图行隐藏。按〈Ctrl+D〉组合键弹出"添加新列"对话框，输入 4 后，单击"确定"按钮插入 4 列，如图 7-17 所示。

图 7-17　"添加新列"对话框

1. 传统线性 Langmuir 模型转换

对于传统线性 Langmuir 模型的转换，自变量为 y/x，因变量为 y。

1）分别在“长名称”行输入 y/x、y 作为 C、D 列的长名称，这样在稍后的绘图中可以分别显示为 x 轴标题和 y 轴标题。

2）在“F(x)=”行 C 列的公式单元格中输入 B/A 设置自变量 y/x 的值，按〈Enter〉键确认输入。在 C(Y)列上单击并停靠，在弹出的浮动工具栏中单击 X（设置为 X）按钮，如图 7-18 所示，使其成为 D 列的默认 X 数据集。

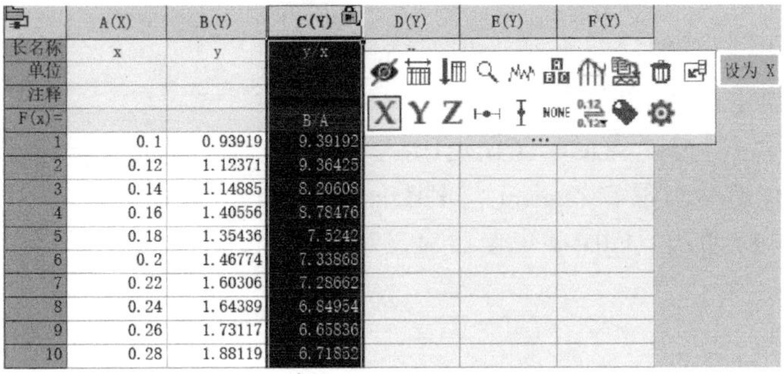

	A(X)	B(Y)	C(Y)	D(Y)	E(Y)	F(Y)
长名称	x	y	y/x			
单位						
注释						
F(x)=			B/A			
1	0.1	0.93919	9.39192			
2	0.12	1.12371	9.36425			
3	0.14	1.14885	8.20608			
4	0.16	1.40556	8.78476			
5	0.18	1.35436	7.5242			
6	0.2	1.46774	7.33868			
7	0.22	1.60306	7.28662			
8	0.24	1.64389	6.84954			
9	0.26	1.73117	6.65836			
10	0.28	1.88119	6.71852			

图 7-18　浮动工具栏

3）在“F(x)=”行 D 列的公式单元格中输入 B 以设置因变量 y 的值，按〈Enter〉键确认输入。

2. 双倒数线性 Langmuir 模型转换

对于双倒数线性 Langmuir 模型的变换，自变量为 1/x，因变量为 1/y。

同样，将 E、F 列的“长名称”分别设置为 1/x、1/y，并相应地将其列值设置为 1/A、1/B。将 E 列数据集设置为 X。设置完成后的工作表如图 7-19 所示。

	A(X1)	B(Y1)	C(X2)	D(Y2)	E(X3)	F(Y3)
长名称	x	y	y/x	y	1/x	1/y
单位						
注释						
F(x)=			B/A	B	1/A	1/B
1	0.1	0.93919	9.39192	0.93919	10	1.06474
2	0.12	1.12371	9.36425	1.12371	8.33333	0.88991
3	0.14	1.14885	8.20608	1.14885	7.14286	0.87044
4	0.16	1.40556	8.78476	1.40556	6.25	0.71146
5	0.18	1.35436	7.5242	1.35436	5.55556	0.73836
6	0.2	1.46774	7.33868	1.46774	5	0.68132
7	0.22	1.60306	7.28662	1.60306	4.54545	0.62381
8	0.24	1.64389	6.84954	1.64389	4.16667	0.60831
9	0.26	1.73117	6.65836	1.73117	3.84615	0.57764
10	0.28	1.88119	6.71852	1.88119	3.57143	0.53158
11	0.3	1.76906	5.89686	1.76906	3.33333	0.56527
12	0.32	1.76835	5.52611	1.76835	3.125	0.5655

图 7-19　设置完成后的工作表（部分）

7.2.3 变换线性数据的线性拟合

1. 对传统线性 Langmuir 变换进行线性拟合

1）将光标移动到数据表上方，选中 D（Y2）数据列。

2）选择菜单栏中的“绘图”→“基础 2D 图”→“散点图”命令，即可直接生成图 7-20 所示的散点图。

3）将图形窗口置前，选择菜单栏中的“分析”→“拟合”→“线性拟合”命令，即可弹出"线性拟合"对话框。将对话框上方的"重新计算"设置为"自动"。

4) 在"拟合控制"选项卡中勾选"表观拟合"复选框，如图 7-21a 所示。在"残差分析"选项卡中勾选"常规"与"标准化"复选框，如图 7-21b 所示。其余选项卡保持默认设置。

5) 设置完成后单击"确定"按钮退出对话框，弹出"提示信息"对话框询问是否切换到报告表，如图 7-22 所示，选中"是"即可，单击"确定"按钮退出。

6) 此时会在工作簿中出现 FitLinear1 与 FitLinearCurve1 两张工作表，如图 7-23 所示。同时图形窗口显示了拟合的曲线结果。

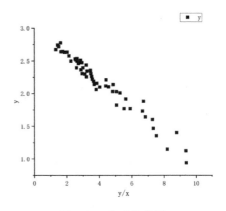

图 7-20　生成散点图

a)　"拟合控制"选项卡

b)　"残差分析"选项卡

图 7-21　"线性拟合"对话框

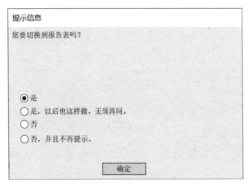

图 7-22　"提示信息"对话框

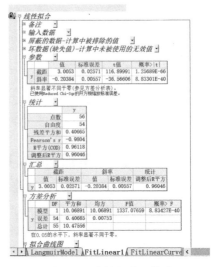

图 7-23　线性拟合工作表

7) 在图形窗口调整图例及拟合信息表格的大小及位置，字体设置为 Arial Narrow，使图形显得更为协调，结果如图 7-24 所示。

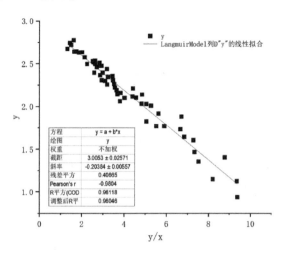

图 7-24　调整显示以后的拟合效果

2. 对双倒数线性 Langmuir 变换进行线性拟合

同样，将光标移动到数据表上方，选中 F(Y3) 数据列。按照上面的操作可以得到线性拟合工作表及拟合曲线，如图 7-25 所示。

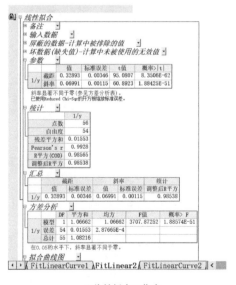

a) 线性拟合工作表

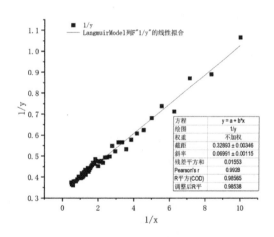

b) 调整显示以后的拟合效果

图 7-25　拟合结果

通过以上拟合结果即可使用相应的斜率和截距表达式计算 Langmuir 模型中的系数。

7.2.4　非线性数据的表观线性化

表观线性拟合是通过自定义轴比例，直接对原始非线性动力学数据进行线性拟合。以 Langmuir 动力学模型为例，基于双倒数 Langmuir 线性变换，可以发现原始因变量 $1/y$ 的倒数与原始自变量 1/x 的倒数呈线性关系。因此，如果将 X 比例设置为 1/x，将 Y 比例设置为 1/y，则原始 Langmuir 动力学数据将呈现线性。

1）将光标移动到数据表上方，选中 B(Y1) 数据列。

2）选择菜单栏中的"绘图"→"基础 2D 图"→"散点图"命令，即可直接生成图 7-26 所示的散点图。

3）双击 X 轴，弹出"X 坐标轴-图层 1"对话框，在"刻度"选项卡中设置"起始"为 0.08、"结束"为 3，"类型"为"自定义公式"，"函数"与"反函数"均为 1/x，"调整刻度"为"固定"，如图 7-27 所示，单击"应用"按钮，此时的图形如图 7-28 所示。

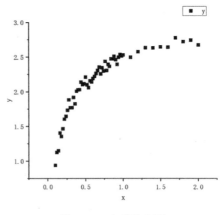

图 7-26　生成散点图

图 7-27　坐标轴设置

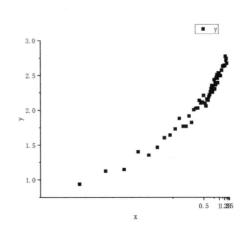

图 7-28　设置坐标轴后的效果

由图可知，默认的 X 轴刻度未能很好地分开，下面将创建一个数据集来设置刻度的位置。

4）将 LangmuirModel 工作表置前，单击〈Ctrl+D〉组合键，通过弹出的"添加新列"对话框为数据表新加一列。在新添加的 G 列中输入数据集 0.1、0.15、0.2、0.3、0.4、0.7、1、3，如图 7-29 所示。

	A(X1)	B(Y1)	C(X2)	D(Y2)	E(X3)	F(Y3)	G(Y3)
长名称	x	y	y/x	y	1/x	1/y	
单位							
注释							
F(x)=			B/A	B	1/A	1/B	
1	0.1	0.93919	9.39192	0.93919	10	1.06474	0.1
2	0.12	1.12371	9.36425	1.12371	8.33333	0.88991	0.15
3	0.14	1.14885	8.20608	1.14885	7.14286	0.87044	0.2
4	0.16	1.40556	8.78476	1.40556	6.25	0.71146	0.3
5	0.18	1.35436	7.5242	1.35436	5.55556	0.73836	0.4
6	0.2	1.46774	7.33868	1.46774	5	0.68132	0.7
7	0.22	1.60306	7.28662	1.60306	4.54545	0.62381	1
8	0.24	1.64389	6.84954	1.64389	4.16667	0.60831	3
9	0.26	1.73117	6.65836	1.73117	3.84615	0.57764	
10	0.28	1.88119	6.71852	1.88119	3.57143	0.53158	

图 7-29　输入新列数据

5）使用 G 列作为 X 轴的主要刻度位置。双击 X 轴以打开 "X 坐标轴-图层 1" 对话框。在 "刻度" 选项卡 "主刻度" 选项组 "类型" 下拉列表框中选择 "按自定义位置"，并在 "位置" 后的数据集中选择 ［Book1］LangmuirModel！G，如图 7-30 所示，单击 "应用" 按钮完成设置。

6）在左侧选择 "垂直"，并在右侧的 "刻度" 选项卡中对 Y 轴进行设置，其中，第一个 "类型" 为 "自定义公式"，"函数" 与 "反函数" 均为 1/x，如图 7-31 所示，单击 "应用" 按钮完成设置。观察显示无误后，单击 "确定" 按钮退出对话框，此时的图形如图 7-32 所示。

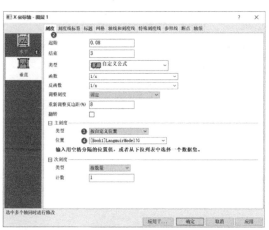

图 7-30　主刻度设置

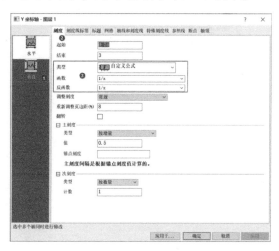

图 7-31　"刻度" 选项卡其他设置

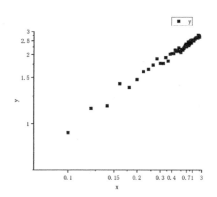

图 7-32　再次设置坐标轴后的效果

7.2.5　非线性数据的表观线性拟合

1）将图形窗口置前，选择菜单栏中的 "分析" → "拟合" → "线性拟合" → "打开对话框" 命令，即可弹出 "线性拟合" 对话框。将对话框上方的 "重新计算" 设置为 "自动"。

2）在 "拟合控制" 选项卡中勾选 "表观拟合" 复选框，如图 7-33a 所示。在 "残差分析" 选项卡中勾选 "常规" 与 "标准化" 复选框，如图 7-33b 所示。其余选项卡保持默认设置。

3）设置完成后单击 "确定" 按钮退出对话框，弹出 "提示信息" 对话框询问是否切换到报告表，如图 7-34 所示，选中 "是" 即可，单击 "确定" 按钮退出。

4）此时会在工作簿中出现 FitLinear3 与 FitLinearCurve3 两张工作表，如图 7-35 所示。同时图表显示了拟合的曲线结果。

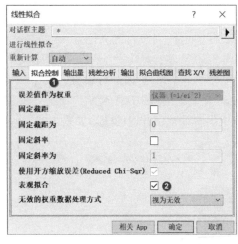

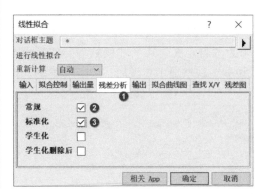

a)"拟合控制"选项卡　　　　　　　　　　b)"残差分析"选项卡

图 7-33　"线性拟合"对话框

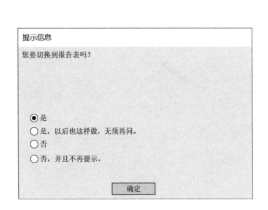

图 7-34　"提示信息"对话框

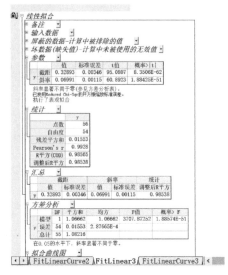

图 7-35　线性拟合工作表

5）在图形窗口调整图例及拟合信息表格的大小及位置，字体设置为 Arial Narrow，使图形显得更为协调，效果如图 7-36 所示。

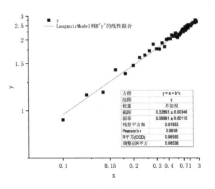

图 7-36　调整显示以后的拟合效果

7.2.6 其他非线性动力学模型求解

1. Freundlich 模型

Freundlich 模型的非线性动力学方程如下：

$$\ln y = \ln K + \frac{\ln x}{n}$$

式中，自变量为 $\ln x$，因变量为 $\ln y$，斜率为 $1/n$，截距为 $\ln K$，K 和 n 为待确定系数。

1）ln 可以内置设置，因此可以采用表观线性拟合，拟合时 X 轴和 Y 轴刻度均设置为 ln 刻度的表观拟合即可。

2）也可以计算 x、y 数据集的 ln 值后进行线性拟合。

2. 拉格朗日伪一阶

拉格朗日伪一阶模型的非线性动力学方程如下：

$$\log(q_{e,\text{exp}} - y) = \frac{\log(q_{e,\text{fit}}) - k_1 x}{2.303}$$

式中，自变量为 x，因变量为 $\log(q_{e,\text{exp}} - y)$，斜率为 $-k_1/2.303$，截距为 $\log(q_{e,\text{fit}})/2.303$，$q_{e,\text{exp}}$ 为已知常数，$-k_1$、$q_{e,\text{fit}}$ 是需要确定的系数。

1）求解可以采用表观线性拟合，因为对数可以内置设置。为了拟合该非线性动力学模型，首先计算 $q_{e,\text{exp}} - y$，然后使用表观拟合，并将 y 轴刻度设置为对数刻度即可。

2）也可以计算 $\log(q_{e,\text{exp}} - y)$ 后使用新创建的数据进行线性拟合。

7.3 非线性拟合工具

7.3.1 使用内置函数拟合数据

在 Origin 中，使用"非线性拟合（NLFit）"工具可以进行非线性拟合。非线性拟合工具包含 200 多个内置拟合函数，用于许多不同的领域。

1）双击打开素材文件中的 Nonlinear Curve Fit Tool. opj，在左侧的"项目管理器"中选择 Built-In Function 文件夹。

2）将 Graph1 激活，选择菜单栏中的"分析"→"拟合"→"非线性曲线拟合"命令，即可打开 NLFit（非线性曲线拟合）对话框。

3）在"设置"选项卡"函数"下拉列表框中选择 Gauss，如图 7-37 所示。内置函数具有参数初始化代码，因此在"参数"选项卡中会自动分配初始参数值，如图 7-38 所示。

操作视频

图 7-37　NLFit 对话框

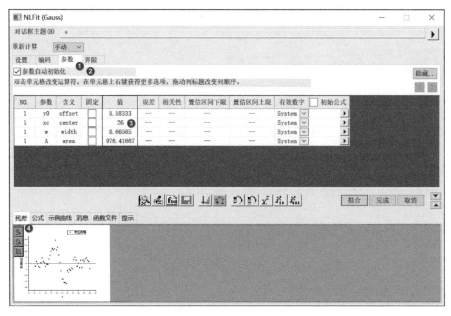

图 7-38 "参数"选项卡

4）在下方的"残差"选项卡中可以查看当前残差并确定当前拟合结果是否可以接受。同时在图形窗口中显示了使用初始参数值绘制的拟合曲线（红色），如图 7-39 所示。

5）单击对话框中间工具栏中的 （拟合直至收敛）按钮，通过下方的"消息"选项卡可以查看拟合操作是否成功。请注意迭代次数、减少的 chi-sqr 值（数据点和拟合函数相应点之差的平方和）、R^2 值等。

6）单击"确定"按钮退出对话框，完成曲线拟合。此时会弹出图 7-40 所示的"提示信息"对话框，单击"确定"按钮，即可弹出图 7-41 所示的 FitNL1 报告表，报告表包含拟合结果（包括参数值和拟合统计信息）。

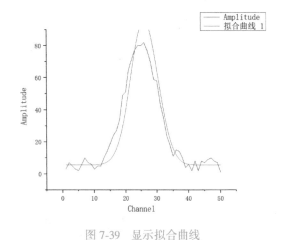

图 7-39 显示拟合曲线

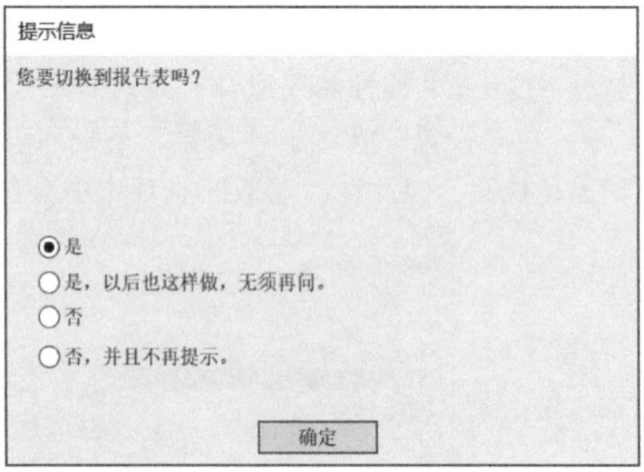

图 7-40 "提示信息"对话框

7）将图形窗口置前，可以看到拟合的曲线以及拟合结果信息等，如图 7-42 所示。

8）单击报告表左上角的绿色 （锁定）图标，在弹出的快捷菜单中选择"更改参数"，重新打开 NLFit（Gauss）对话框。

		值	标准误差	t值	概率>|t|	相关性
Amplitude	y0	5.34198	0.58341	9.15655	6.21151E-12	0.54074
	xc	24.9069	0.08666	287.40475	1.60949E-76	1.07265E-11
	w	10.16969	0.20452	49.72362	1.22804E-41	0.52123
	A	984.90204	21.45075	45.91457	4.47306E-40	0.69383
	sigma	5.08485	0.10226			
	FWHM	11.9739	0.24081			
	Height	77.27256	1.21284			

	Amplitude
点数	50
自由度	46
Reduced Chi-Sqr	7.81572
残差平方和	359.5232
R平方(COD)	0.98966
调整后R平方	0.98899
拟合状态	成功(100)

	y0		xc		w		A	
	值	标准误差	值	标准误差	值	标准误差	值	标准误差
Amplitude	5.34198	0.58341	24.9069	0.08666	10.16969	0.20452	984.90204	21.45075

		DF	平方和	均方	F值	概率>F
Amplitude	回归	3	34414.3968	11471.4656	1467.74232	1.17767E-45
	残差	46	359.5232	7.81572		
	未修正的整体	50	66124			
	修正整体	49	34773.92			

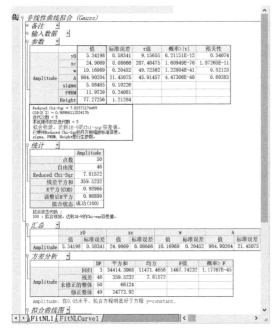

图 7-41　FitNL1 报告表

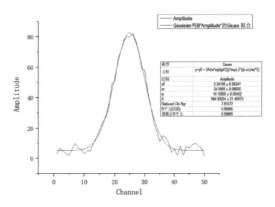

图 7-42　拟合后的图表

9）在“参数”选项卡中，双击 xc 的值将其更改为 25，然后勾选“固定”复选框，如图 7-43 所示。

10）再次单击对话框中的 (拟合直至收敛）按钮，拟合完成后在报告表中可以看到将 xc 值固定为 25 会导致标准误差为 0，如图 7-44 所示。

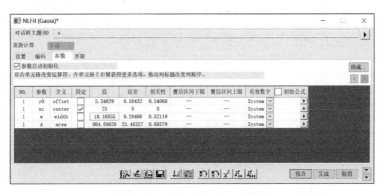

图 7-43　NLFit（Gauss）对话框

参数

		值	标准误差	t值	概率>|t|	相关性
Amplitude	y0	5.3463	0.58432	9.14956	5.20226E-12	0.54068
	xc	25	0	—	—	0
	w	10.16855	0.20486	49.6359	2.92631E-42	0.52119
	A	984.68614	21.48327	45.83503	1.14874E-40	0.69379
	sigma	5.08427	0.10243			
	FWHM	11.97255	0.24121			
	Height	77.26434	1.21488			

图 7-44　标准误差为 0

7.3.2 通过自定义函数拟合

下面展示如何在非线性拟合工具中使用自定义函数进行曲线拟合。采用的拟合函数如下：

$$y = y_0 + ae^{-bx}$$

1. 自定义函数

1）继续在 Nonlinear Curve Fit Tool. opj 文件中进行操作，在窗口左侧的"项目管理器"中选择 User-Defined Function 文件夹。

2）将 Graph2 激活，选择菜单栏中的"工具"→"拟合函数生成器"命令，即可打开"拟合函数生成器"对话框，在"目标"页面中选中"创建新的函数"单选按钮，如图 7-45 所示，然后单击"下一步"按钮进入"名称和类型"页面。

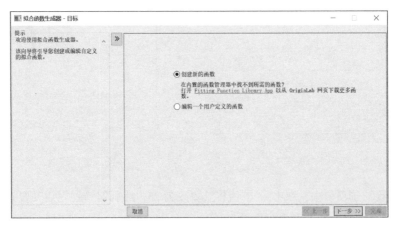

图 7-45 "拟合函数生成器"对话框"目标"页面

3）在"名称和类型"页面中，命名函数并选择函数类型。默认函数采用 User Defined（用户定义）类别。将"函数名称"设置为 FunctionDingJB，"函数类型"选择"LabTalk 表达式"，如图 7-46 所示，然后单击"下一步"按钮进入"变量和参数"页面。

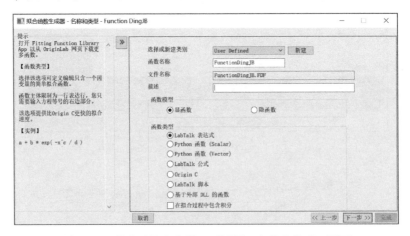

图 7-46 "拟合函数生成器"对话框"名称和类型"页面

说明：左侧面板显示有关所选功能类型的提示信息。

4）在"变量和参数"页面中确保"自变量"读取 x，"因变量"读取 y。在"参数"文本框中输入逗号分隔的值 y0，a，b，如图 7-47 所示，单击"下一步"按钮进入"表达式函数"页面。

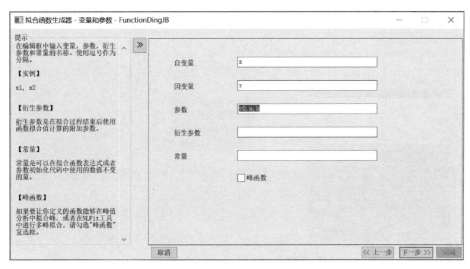

图 7-47 "拟合函数生成器"对话框"变量和参数"页面

5）在"表达式函数"页面中，首先设置参数的初始值，然后在"函数主体"文本框中输入 y0+a * exp(−b * x)，如图 7-48 所示，单击"完成"按钮完成自定义函数的设置。

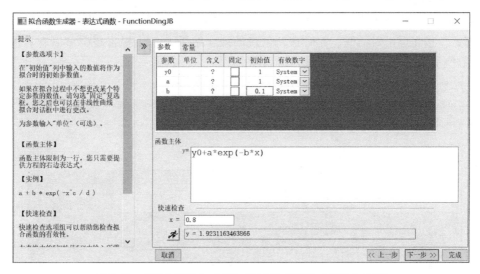

图 7-48 "拟合函数生成器"对话框"表达式函数"页面

说明 1：通过"快速检查"检查当前功能的有效性。输入自变量 x = 0.8 的值后，单击 （求值）按钮求函数值，可以得到因变量 y 的返回值，该值可用于检查函数的有效性，如图 7-48 所示。

说明 2：单击"下一步"按钮可以进入"参数初始化代码"页面进行后续设置。此处无须进行后续设置，因此直接单击"完成"按钮退出对话框。

2. 非线性拟合

1）将 User-Defined Function 文件夹下的 Book1 工作簿置前。选中 A(X)、B(Y)数据列。

2）选择菜单栏中的"分析"→"拟合"→"非线性曲线拟合"命令，即可打开 NLFit（非线性曲线拟合）对话框。在"设置"选项卡中的"函数选择"页面上选择 User Defined 类别和函数 FunctionDingJB（User），如图 7-49 所示。

图 7-49 "设置"选项卡

3）连续单击工具栏中的 🔧（一次迭代）按钮，可以看到"参数"选项卡中各参数值的变化以及拟合曲线的变化。

4）直接单击工具栏中的 🔧（拟合直至收敛）按钮，拟合完成后的对话框如图 7-50 所示。单击"确定"按钮退出对话框，此时在新创建的拟合结果 FitNL1 报告表中可以查看拟合结果（包括参数值和拟合统计信息），如图 7-51 所示。

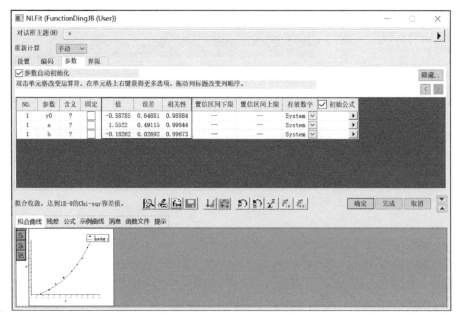

图 7-50 "参数"选项卡

5）双击拟合曲线图将其打开，适当修饰调整后如图 7-52 所示。

图 7-51 报告表

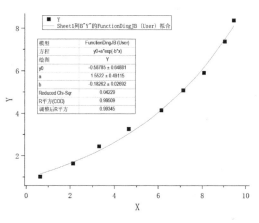

图 7-52 拟合曲线图

7.3.3 通过系统函数实现非线性拟合

NLFit 对话框是一个交互式工具，允许在非线性拟合过程中监视拟合过程。该示例基于 Michaelis-Menten 函数（简称 M-M 函数，酶动力学中的一个基本模型），演示在拟合过程中如何进行全局拟合，同时拟合两个数据集并共享一些参数值。

1. 模型介绍

单底物 M-M 函数是用于酶动力学研究的基本模型。

$$v = \frac{V_{\max}[S]}{K_m + [S]}$$

式中，v 是反应速度，$[S]$ 是底物浓度，$V_{\max}$ 是最大反应速度，K_m 表示米氏常数。参数 $V_{\max}$ 和 K_m 是重要的酶性质，它们的值可以通过将 M-M 函数拟合到 v 与 $[S]$ 的曲线来确定。

Origin 中没有 M-M 拟合函数，可以使用通用模型，即内置的 Hill 函数来进行拟合：

$$v = V_{\max} \frac{x^n}{k^n + x^n}$$

其中，n 是协作点。对于单底物模型，通过固定的 $n = 1$ 来进行简化，使其行为类似于 M-M 函数。

2. 生成初始图表

1）将一个空的数据表置前，在素材文件中找到 Enzyme. dat，将其拖动到工作表中，即可将数据导入工作表。数据表如图 7-53 所示，选中 B(Y)、C(Y)列数据。

2）选择菜单栏中的"绘图"→"基础 2D 图"→"散点图"命令，即可直接生成图 7-54 所示的散点图。

3. 非线性拟合

图 7-54 中有两条曲线，一条是没有抑制剂的反应，另一条是竞争性抑制反应。下面通过 NLFit 工具同时拟合这两条曲线。

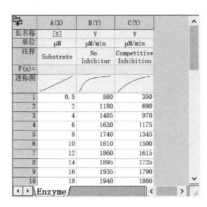

图 7-53　数据表（部分）

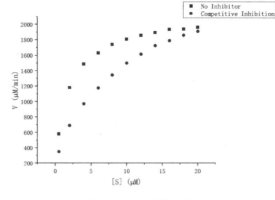

图 7-54　生成散点图

对于竞争性抑制反应，其最大速度与无抑制剂时相同，因此可以在拟合过程中共享 V_{max} 值并进行全局拟合。

1）将图形窗口置前（激活状态）。选择菜单栏中的"分析"→"拟合"→"非线性曲线拟合"命令，即可打开 NLFit 对话框。在"设置"选项卡"函数选取"页面中选择 Growth/Sigmoidal 类别和 Hill 函数，如图 7-55 所示。

图 7-55　NLFit 对话框

2）在"数据选择"页面中，单击"输入数据"旁边的 ▶ 按钮，在弹出的菜单中选择"添加当前页面中的所有绘图"以设置数据范围，在"多数据拟合模式"下拉列表框中选择"全局拟合"，如图 7-56 所示。

图 7-56　"数据选择"页面

3）切换到"参数"选项卡，勾选 Vmax 行的"共享"复选框；勾选 n 和 n_2 行的"固定"复选框，并确保它们的值为 1，如图 7-57 所示。

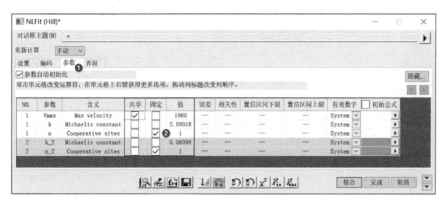

图 7-57 "参数"选项卡

说明："共享"复选框仅在使用"全局拟合"模式时可用。勾选 Vmax 行的"共享"复选框后，Vmax_2 行会自动消失。

4）单击"拟合"按钮即可生成分析报告，同时原始图形中自动出现拟合参数表（已进行简单修饰），如图 7-58 所示。

a）拟合分析报告

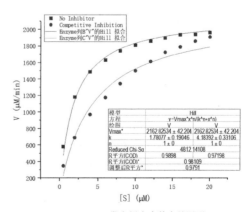

b）带有拟合参数表的图形

图 7-58 拟合结果

由拟合结果可知最大速度约为 2162.8μM/min，无抑制剂模型的 K_m 值为 1.78μM，竞争性抑制模型的 K_m 值为 4.18μM。

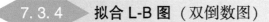

7.3.4　拟合 L-B 图（双倒数图）

模型参数也可以通过 L-B（Lineweaver-Burk）图或双倒数图来估计，L-B 图对 M-M 函数两边取倒数，并以 $1/v$ 与 $1/[S]$ 作为变量进行绘制，即

$$\frac{1}{v} = \frac{1}{V_{max}} + \frac{K_m}{V_{max}[S]}$$

由上式可以看出，$1/v$ 是关于 $1/[S]$ 的线性函数。

下面通过无抑制剂数据来说明如何通过 L-B 图计算 K_m 和 V_{max}。

1. 生成初始图形

1）将一个空的数据表置前，在素材文件中找到 Enzyme. dat 文件将其拖动到工作表中，即可将数据导入工作表。

2）按〈Ctrl+D〉组合键弹出"添加新列"对话框，输入 2 后，单击"确定"按钮插入两列。

3）右击 D(Y) 列，在弹出的浮动工具栏中单击 **X**（设为 X）按钮，将其设置为 X 列，此时 D(Y) 变为 D（X2）。

4）右击 D（X2）列，在弹出的快捷菜单中选择"设置列值"命令，打开"设置值"对话框，在"Col(D) ="文本框中输入 1/Col(A)，并将"重新计算"设置为"无"，此例中无须自动更新倒数值，如图 7-59 所示。单击"确定"按钮完成设置。

5）同样，将 E(Y2) 列的值设置为 1/Col(B)。在工作表中直接输入 D(X2)、E(Y2) 列的长名称，分别为 $1/[S]$ 和 $1/V$。完成后的工作表如图 7-60 所示。

图 7-59　"设置值"对话框

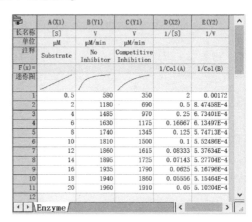

图 7-60　工作表

6）选中 D(X2)、E(Y2) 列。选择菜单栏中的"绘图"→"基础 2D 图"→"散点图"命令，即可直接生成图 7-61 所示的散点图。

2. 拟合分析

由前面的分析可知 $1/V$ 和 $1/[S]$ 之间存在线性关系，因此既可以使用 NLFit 工具拟合直线，也可以使用 NLFit 工具拟合。下面采用 NLFit 工具拟合。

1）将图形窗口置前（激活状态）。选择菜单栏中的"分析"→"拟合"→"非线性曲线拟合"命令，即可打

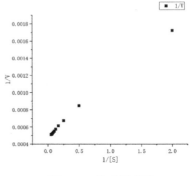

图 7-61　生成散点图

开 NLFit 对话框。在"设置"选项卡"函数选取"页面中选择 Polynomial 类别和 Line 函数，如图 7-62 所示。

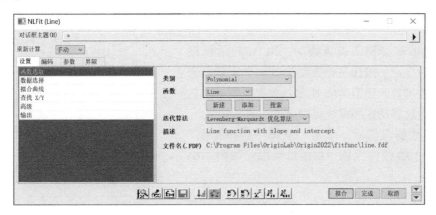

图 7-62　NLFit 对话框

2）单击"拟合"按钮即可生成分析报告，同时原始图形中自动出现拟合参数表（已进行简单的修饰），如图 7-63 所示。

a）拟合分析报表

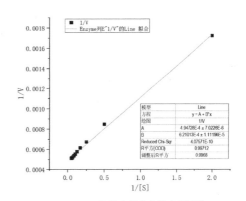

b）带有拟合参数表的图形

图 7-63　拟合结果

3. 剔除点后进行拟合分析

图表中有一个点位于远处，以上结果可能不是最佳拟合曲线，实际上，L-B 图的右侧是低基质浓度区域，测量误差可能很大，因此在拟合过程中最好剔除这些点。

1）单击图形窗口左上方的 （锁定）按钮，在弹出的快捷菜单中选择"更改参数"命令，即可返回 NLFit 对话框。

2）在"设置"选项卡"数据选择"页面中单击"输入数据"旁边的 ▶ 按钮，在弹出的菜单中选择"从图中重新选择所有数据"命令，弹出"从图中选择范围"对话框，如图 7-64 所示。

图 7-64 "从图中选择范围"对话框

3）当光标移动到图表页面时，NLFit 对话框滚动，光标变为 ┿ 。按住鼠标拖动绘制一个矩形以选择要拟合的数据点。如图 7-65 所示，数据范围由红色垂线标记，通过移动这些垂线可以更改。

4）确认数据范围后，单击"从图中选择范围"对话框右侧的 按钮返回 NLFit 对话框，如图 7-66 所示。

5）单击"拟合"按钮即可生成分析报告，同时原始图形中自动出现拟合参数表（已进行简单的修饰），如图 7-67 所示。

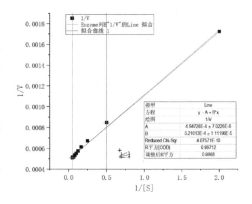

图 7-65 选择数据范围

图 7-66 重新选择数据

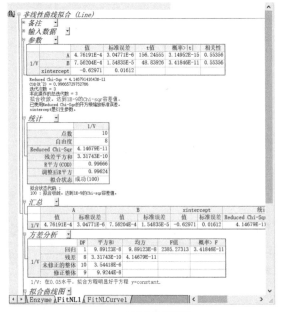

a）拟合分析报表

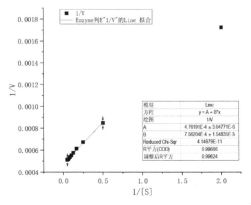

b）带有拟合参数表的图形

图 7-67 再次拟合的结果

6）由于拟合曲线的截距为 $1/V_{max} = 4.76191 \times 10^{-4}$，基于此可以获取 V_{max} 值。选择菜单栏中的"窗口" → "命令窗口"命令，在弹出的"命令窗口"对话框中输入 1/4.76191E-4 =，按 〈Enter〉键即可得到 V_{max} 的值，如图 7-68 所示。

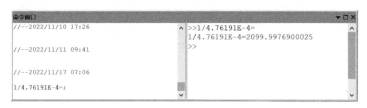

图 7-68 "命令窗口"对话框

第8章 方差分析

方差分析（ANOVA）是一种参数化分析方法，用于检验多组样本均值间的差异是否具有统计意义，是两个独立样本 t 检验的扩展。方差分析的目的是通过数据分析找出对该事物具有显著影响的因素、各因素之间的交互作用，以及显著影响因素的最佳水平等。方差分析要求正态性和等方差，如果不满足则应使用非参数分析。Origin 的方差分析工具有单因素方差分析、双因素方差分析、单因素重复测量方差分析和双因素重复测量方差分析等。

8.1 单因素方差分析

操作视频

单因素方差分析适用于检验两个或两个以上的样本总体是否具有相同的平均值。该分析方法建立在各数列均方差为常数、服从正态分布的基础上。

如果 P 值比显著性水平值小，那么拒绝原假设，断定各数列的平均值显著不同，也即至少有一个数列的平均值与其他几个显著不同。如果 P 值比显著性水平值大，那么接受原假设，断定各数列的平均值没有显著不同。

下面的示例根据实验中记录的四种植物的氮含量（单位：mg）分析不同的植物是否具有显著不同的氮含量。下面首先通过索引模式进行方差分析，然后尝试使用原始数据模式进行方差分析。

8.1.1 索引模式下的正态性检验

1）将一个空的数据表置前，在素材文件中找到 nitrogen. txt 文件，将其拖动到工作表中，即可将数据导入工作表，数据表结构如图 8-1 所示。

2）下面对每组数据进行正态性检验，以确定其是否遵循正态分布。选中工作表的 A（X）列，选择菜单栏中的"工作表"→"工作表排序"→"升序"命令，对工作表进行排序。

3）选择菜单栏中的"统计"→"描述统计"→"正态性检验"命令，弹出"正态性检验"对话框，在"输入"选项卡中，展开"输入数据"→"范围1"，单击"数据范围"右侧的 按钮并选择 B（Y）：nitrogen，继续单击"组"右侧的 ▶ 按钮并选择 A（X）：plant，如图 8-2 所示。

图 8-1 数据表（部分）

4）单击"确定"按钮退出对话框，同时在弹出的"提示信息"框中单击"确定"按钮，生成的分析报表如图 8-3 所示，由此可知数据服从正态分布。

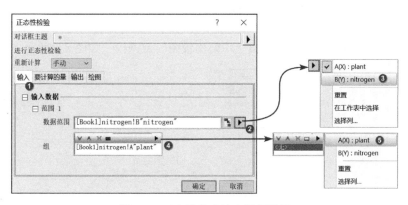

图 8-2　正态性检验输入数据设置

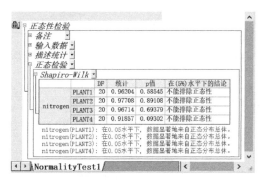

图 8-3　正态性检验分析报表

8.1.2　索引模式下的方差分析

1）将 nitrogen 工作表置前（激活），选择菜单栏中的"统计"→"方差分析"→"单因素方差分析"命令，弹出 ANOVAOneWay 对话框。

2）在"输入"选项卡中将"输入数据"设置为"索引数据"，单击"因子"右侧的 ▶ 按钮并选择 A(X)：plant，继续单击"数据"右侧的 ▶ 按钮并选择 B(Y)：nitrogen，如图 8-4 所示。

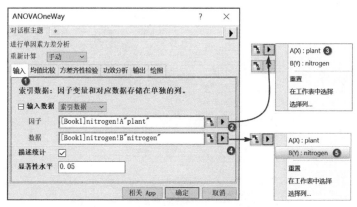

图 8-4　ANOVAOneWay 对话框

3）在"均值比较"选项卡中，勾选 Tukey 复选框；在"方差齐性检验"选项卡中，勾选"Levene｜｜"复选框；在"功效分析"选项卡中，勾选"实际功效"复选框；在"绘图"选项卡中，勾选"均值图（SE 为误差）"和"均值比较图"复选框，如图 8-5 所示。

a）"均值比较"选项卡

b）"方差齐性检验"选项卡

c）"功效分析"选项卡

d）"绘图"选项卡

图 8-5 方差分析参数设置

4）单击"确定"按钮退出对话框，同时在弹出的"提示信息"框中单击"确定"按钮，生成的分析报表如图 8-6 所示。

图 8-6 分析报表

8.1.3 结果解读

1）在 ANOVA1Way1 报表中可以看到"方差齐性检验"分析节点，展开后如图 8-7 所示，P 值约为 0.79，大于 0.05，所以认为四组数据具有相等的方差。

2）ANOVA 表中总体方差分析报告的 P 值为 $6.99×10^{-7}$，小于 0.05，如图 8-8 所示，因此四组中至少有两组具有显著不同的均值。

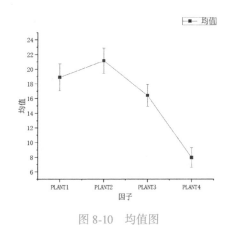

方差齐性检验
Levene检验（绝对偏差）

	DF	平方和	均方	F值	概率＞F
模型	3	18.06843	6.02281	0.34578	0.79229
误差	76	1323.76846	17.41801		

在0.05水平下，总体方差并非显著地不同

图 8-7　方差齐性检验结果

总体方差分析

	DF	平方和	均方	F值	概率＞F
模型	3	1996.36652	665.45551	12.86214	6.99338E-7
误差	76	3932.05317	51.73754		
总计	79	5928.41969			

零假设：所有群组的均值相同。
备择假设：一个或者多个群组的均值是不同的。
在0.05水平下，总体均值是显著不同的。

图 8-8　总体方差分析结果

3）查看"均值比较"的结果，可以进一步了解两两之间的关系，如图 8-9 所示。在这里可以看到 PLANT4 的平均值与其他三组显著不同。

均值比较
Tukey检验

		均值差分	SEM	q值	概率	Alpha	Sig	置信区间下限	置信区间上限
PLANT2	PLANT1	2.26308	2.27459	1.40706	0.75274	0.05	0	-3.71181	8.23796
PLANT3	PLANT1	-2.46538	2.27459	1.53284	0.70039	0.05	0	-8.44027	3.5095
PLANT3	PLANT2	-4.72846	2.27459	2.93989	0.16935	0.05	0	-10.70334	1.24643
PLANT4	PLANT1	-10.93833	2.27459	6.80085	4.38499E-5	0.05	1	-16.91322	-4.96345
PLANT4	PLANT2	-13.20141	2.27459	8.20791	8.24355E-7	0.05	1	-19.1763	-7.22653
PLANT4	PLANT3	-8.47295	2.27459	5.26801	0.00207	0.05	1	-14.44784	-2.49807

分组文字表

Sig等于1表明在0.05水平下，均值是显著不同的。
Sig等于0水平下，均值并非显著不同的。

图 8-9　均值比较结果

4）双击查看均值图和均值比较图，可以看出 PLANT4 的均值最小，与其他三组显著不同，如图 8-10 和图 8-11 所示。

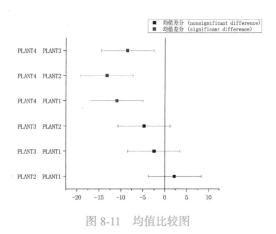

图 8-10　均值图

图 8-11　均值比较图

5）查看"功效"表，如图 8-12 所示，实际功效 = 0.99976，即发生Ⅱ类错误的概率几乎等于零。

功效

	Alpha	样本量	功效
实际功效	0.05	80	0.99976

图 8-12　功效表

8.1.4 原始数据模式下的分析

1）从新工作簿开始，将一个空的数据表置前，在素材文件中找到 nitrogen_raw.txt 文件，将其拖动到工作表中，即可将数据导入工作表。

2）选择菜单栏中的"统计"→"方差分析"→"单因素方差分析"命令，弹出 ANOVA-OneWay 对话框。

3）在"输入"选项卡中，将"输入数据"设置为"原始数据"，将"群组数"设置为 4。单击"数据"右侧的 ▶ 按钮并选择"在工作表中选择"命令，如图 8-13 所示，弹出"在工作表中选择"对话框。

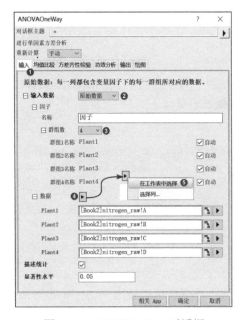

图 8-13 ANOVAOneWay 对话框

4）选择所有四列（Plant1、Plant2、Plant3、Plant4）数据，如图 8-14 所示，然后在对话框中单击"完成"按钮返回 ANOVAOneWay 对话框。

图 8-14 "在工作表中选择"对话框

5）其余方差分析参数设置同前，设置完成后单击"确定"按钮。查看分析结果，得出的结论与使用索引模式时相同，这里不再介绍。

8.1.5 单因素重复测量方差分析

单因素重复测量方差分析类似于单因素方差分析，用于处理重复测量的因变量。在重复测量情况下，一般单因素方差分析的独立性假设不成立，因为重复因子的水平之间可能存在相关性。

与单因素方差分析相似，单因素重复测量方差分析可用于测试均值是否相等。这些均值包括不同测量值的平均值和不同受试者的平均值，结果将分别显示在名为"受试者内效应测试"和"受试对象间效应测试"的表格中。

说明：Origin 中的重复测量 ANOVA 需要平衡样本数据，即每个水平上的样本大小相等。

Origin 可以在索引模式和原始数据模式下进行单因素重复测量方差分析。对于单因素重复测量方差分析，如果使用索引模式，数据应组织为三列：因子、数据和主题。当使用原始数据模式时，不同的级别应位于不同的列中。

选择菜单栏中的"统计"→"方差分析"→"单因素重复测量方差分析"命令，弹出 ANOVAOneWayRM 对话框，可以进行单因素重复测量方差分析。限于篇幅，这里不再介绍。

8.2 双因素方差分析

操作视频

在某些情况下，希望检查两个因素（分类变量）和一个连续结果变量之间的关系。一个因素变化对结果的影响可能取决于另一个因素的水平，因此需要考虑两个因素之间的相互作用。双因素方差分析就是分析两个因素的主要影响和相互作用的最佳方法。

如果两个因素纵横排列数据时，每个单元格仅有一个数据，则称为无重复数据，应采用无重复双因素方差分析；如果两个因素纵横排列数据时，每个单元格并非只有一个数据，而有多个数据，则为有重复数据，应采用有重复双因素方差分析，这种数据分析方法可考虑因素间的交互效应。

Origin 双因素方差分析包括多种均值比较、真实和假设推翻假设概率分析等，可以方便地完成双因素方差分析。

研究人员希望了解性别和饮食组对收缩压（SBP）的影响，其中，"饮食组"因素包括三组：不食用任何种类动物产品的严格素食主义者（SV）；食用乳制品但不食用其他动物制品的乳素食主义者（LV）；食用标准饮食的"正常"（NOR）受试者。

性别和饮食群体可能是独立的，也可能相互影响。解决这个问题的一种方法是构建预测平均 SBP 水平的双因素方差分析模型。

8.2.1 索引模式下的方差分析

1）将一个空的数据表置前，在素材文件中找到 SBP_Index.txt 文件，将其拖动到工作表中，即可将数据导入工作表。数据表结构如图 8-15 所示。

2）将工作表置前（激活），选择菜单栏中的"统计"→"方差分析"→"双因素方差分析"命令，弹出"ANOVATwoWay"对话框。

3）在"输入"选项卡中将"输入数据"设置为"索引数据"，单击"因子 A"右侧的 ▶ 按钮并选择 A(X)：Sex。同样，将"因子 B"设置为 B(Y)：Dietary，将"数据"设置为C(Y)：SBP，如图 8-16 所示。

4）在"描述统计"选项卡中，勾选所有复选框；在"均值比较"选项卡中，将"显著性水平"设置为 0.05，勾选 Tukey 复选框，以此测试作为均值比较方法，如图 8-17 所示。

	A(X)	B(Y)	C(Y)
长名称	Sex	Dietary	SBP
单位			
注释			
F(x)=			
迷你图			
1	Male	SV	134.31621
2	Male	SV	120.56765
3	Male	SV	114.10179
4	Male	SV	107.50127
5	Male	SV	114.00727
6	Male	SV	108.46712
7	Male	SV	113.00778
8	Male	SV	101.02999
9	Male	SV	123.14941
10	Male	SV	118.36887

SBP_Index

图 8-15 数据表（部分）

图 8-16 ANOVATwoWay 对话框

a)"描述统计"选项卡

b)"均值比较"选项卡

图 8-17 方差分析参数设置

5）单击"确定"按钮退出对话框，同时在弹出的"提示信息"框中单击"确定"按钮，生成的分析报表如图 8-18 所示。

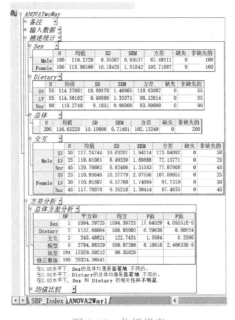

图 8-18 分析报表

8.2.2 结果解读

从双因素方差分析报表中的"总体方差分析"表中可以看出饮食和性别都是重要因素,但它们之间的相互作用并不显著。因此,可以说饮食组和性别的主要影响是显著的,但饮食变化对结果的影响并不取决于性别的水平。

8.2.3 交互图

通过交互图可以进一步检测交互作用。

1) 右击"交互"表的标题,在弹出的快捷菜单中选择"创建副本为新表"命令,如图 8-19 所示,即可创建包含交互数据的工作表,如图 8-20 所示。

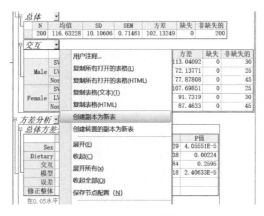

图 8-19 交互快捷菜单

	A(X1)	B(X2)	C(Y2)	D(Y2)	E(yEr±)	F(yEr±)	G(Y2)	H(Y2)	I(Y2)
长名称			N	均值	SD	SEM	方差	缺失	非缺失的
1	Male	SV	30	117.24744	10.63207	1.94114	113.04092	0	30
2	Male	LV	25	119.01081	8.49339	1.69868	72.13771	0	25
3	Male	Nor	45	120.76882	8.82486	1.31553	77.87808	0	45
4	Female	SV	25	110.93646	10.37779	2.07556	107.69851	0	25
5	Female	LV	30	110.85397	9.57768	1.74864	91.7319	0	30
6	Female	Nor	45	117.78078	9.35218	1.39414	87.4633	0	45
7									
8									

‹ › \ SBP_Index ∖ ANOVA2Way1 ∖ 交互

图 8-20 "交互"工作表

2) 转到新工作表,右击 B 列,在弹出的快捷菜单中选择"设置为类别列"命令。选择 D 列的前三个单元格,然后按住〈Ctrl〉键选择 D 列中的其他单元格,如图 8-21 所示。

	A(X1)	B(X2)	C(Y2)	D(Y2)	E(yEr±)	F(yEr±)	G(Y2)	H(Y2)	I(Y2)
长名称			N	均值	SD	SEM	方差	缺失	非缺失的
类别		未排序							
1	Male	SV	30	117.24744	10.63207	1.94114	113.04092	0	30
2	Male	LV	25	119.01081	8.49339	1.69868	72.13771	0	25
3	Male	Nor	45	120.76882	8.82486	1.31553	77.87808	0	45
4	Female	SV	25	110.93646	10.37779	2.07556	107.69851	0	25
5	Female	LV	30	110.85397	9.57768	1.74864	91.7319	0	30
6	Female	Nor	45	117.78078	9.35218	1.39414	87.4633	0	45
7									
8									

‹ › \ SBP_Index ∖ ANOVA2Way1 ∖ 交互

图 8-21 选中数据

3）单击"2D 图形"工具栏上的 ✎（点线图）按钮创建图形，如图 8-22 所示。

4）在图例上右击，在弹出的快捷菜单中选择"属性"，弹出"文本对象-Legend"对话框，编辑文本，如图 8-23 所示。单击"确定"按钮关闭对话框并更新图例，如图 8-24 所示。

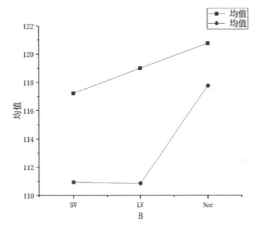

图 8-22　点线图

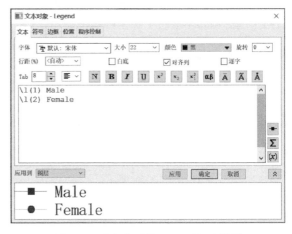

图 8-23　"文本对象-Legend"对话框

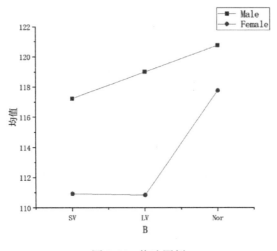

图 8-24　修改图例

通过上面的操作即可在一个交互图里显示两个因素之间的交互作用。数据图表明，性别和饮食组之间只有微弱的相互作用，因此应该重新计算这两个因素在没有相互作用的情况下的影响。

8.2.4　重新计算

1）单击 ANOVA2Way1 结果表中的绿色锁 🔒，在弹出的快捷菜单中选择"更改参数"命令以再次打开 ANOVATwoWay 对话框，在"输入"选项卡中取消勾选"交互"复选框，如图 8-25 所示。

2）单击"确定"按钮退出对话框，同时在弹出的"提示信息"框中单击"确定"按钮，生成的分析报表如图 8-26 所示。

3）从"总体方差分析"表中可以看出，饮食和性别都是重要因素。因子饮食中 Nor 的平均值显著大于 LV 和 SV 的平均值。从 Sex 表看，男性的平均值明显高于女性，如图 8-27 所示。

图 8-25　"输入"选项卡

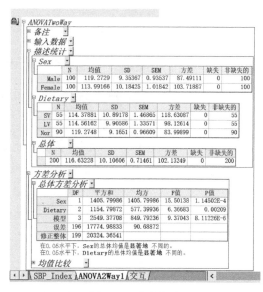

图 8-26　分析报表

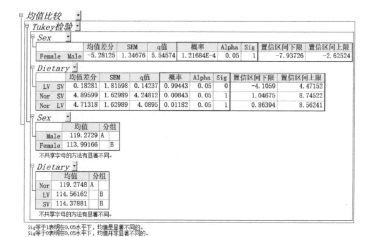

图 8-27　均值比较

8.2.5　原始数据模式下的分析

1）从新工作簿开始，将一个空的数据表置前，在素材文件中找到 SBP_Raw.txt 文件，将其拖动到工作表中，即可将数据导入工作表。

2）选择菜单栏中的"统计"→"方差分析"→"双因素方差分析"命令，弹出 ANOVAT-woWay 对话框。

3）在"输入"选项卡上，将"输入数据"设置为"原始数据"，将因子 A 的"名称"设为 Sex，"群组数"设为 2，群组 1 及群组 2 的名称分别为 Male、Female。

同样，将因子 B 的"名称"设为 Dietary Group，"群组数"设为 3，群组 1、群组 2 及群组 3

的名称分别为 SV、LV 和 Nor。

4）单击"数据"右侧的 ▶ 按钮并选择"在工作表中选择"命令，如图 8-28 所示，弹出"在工作表中选择"对话框。

图 8-28 ANOVATwoWay 对话框

5）拖动选择工作表中的所有六列数据，如图 8-29 所示，然后在对话框中单击"完成"按钮返回 ANOVATwoWay 对话框。

图 8-29 "在工作表中选择"对话框

6）其余方差分析参数设置同前，设置完成后单击"确定"执行方差分析。查看分析结果，得出的结论与使用索引模式时相同。这里不再介绍。

8.2.6 双因素重复测量方差分析

对于双因素重复测量方差分析，"双因素"意味着实验中有两个因素，例如，不同的处理和不同的条件。"重复措施"是指同一受试者接受了多次治疗和/或多次病情。

与双因素方差分析相似，双因素重复测量方差分析可用于测试因子内因子水平均值之间的显著差异以及因子之间的相互作用。在这种情况下，使用标准方差分析是不合适的，因为它无法对重复测量之间的相关性进行建模，并且数据违反了方差分析的独立性假设。

双因素重复测量方差分析的设计可以是两个重复测量因子，或一个重复测量因素和一个非重复因素。如果存在任何重复因素，则应使用重复测量方差分析。也即，双因素重复测量方差分析与双因素方差分析的不同之处在于至少要有一个重复测量变量。

选择菜单栏中的"统计"→"方差分析"→"双因素重复测量方差分析"命令，弹出ANOVATwoWayRM 对话框，可以进行双因素重复测量方差分析。限于篇幅，这里不再介绍。另外还有三因素方差分析，这样也不再讲解。

　　参数检验是推断统计的重要组成部分，多采用抽样研究的方法，从总体中随机抽取一定数量的样本进行研究，并以此推断总体。在总体分布已知的情况下，利用样本数据对总体包含的参数进行推断的问题就是参数检验问题。参数检验不仅能够对一个总体的参数进行推断，还能比较两个或多个总体的参数。

　　在总体分布形式未知的情况下，可通过样本来检验总体分布的假设，这种检验方法称为非参数检验。非参数检验应用范围很广，是统计方法中的重要组成部分。相对于参数检验，非参数检验所需的假定条件比较少，不依赖总体的分布类型，即总体数据不符合正态分布或分布情况未知时，可以用来检验数据是否来自同一个总体。

9.1　参数检验

　　参数检验（假设检验）是利用样本的实际资料来检验事先对总体某些数量特征所做的假设是否可信的一种统计分析方法。它通常用样本统计量和总体参数假设值之间差异的显著性来说明。

操作视频

9.1.1　单样本 t 检验

　　对于服从正态分布的样本数列，设样本均值为 X，样本方差为 SD^2，此时可以应用单样本 t 检验方法来检验样本平均值是否等于规定的常数。即利用单样本 t 检验可以检验样本均值是否跟指定值不同。

【例 9-1】　生产厂家希望生产线上螺母的直径必须严格等于 21mm，质控部从某批次中随机抽取了 120 个螺母，并逐个测量螺母的直径，记录在 Diameters. dat 文件中。

　　该厂家希望检验该批次螺母的均值是否等于 21，历史数据中已知直径的测量数据近似为正态分布，但还不能确定标准差。在 Origin 中可以通过单样本 t 检验进行分析。

　　1）将一个空的数据表置前，在素材文件中找到 diameter. dat 文件，将其拖动到工作表中，即可将数据导入工作表，如图 9-1 所示。

　　2）选择菜单栏中的"统计"→"假设检验"→"单样本 t 检验"命令，弹出"单样本 t 检验：OneSampletTest"对话框，在"输入"选项卡中的"输入数据格式"中选择"原始数据"，在"输入"中选择 A 列数据，如图 9-2 所示。

　　3）在"均值 t 检验"选项卡中，将"均值检验"设置为 21，如图 9-3 所示，单击"确定"按钮进行检验分析，完成后自动生成分析报表，如图 9-4 所示。

　　由报表可知，在 0.05 水平下，总体均值与检验均值（21）显著不同，即该批次螺母直径的均值并不等于21。

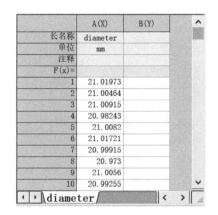

图 9-1 数据表（部分）

图 9-2 "单样本 t 检验：OneSampletTest"对话框

图 9-3 "均值 t 检验"选项卡

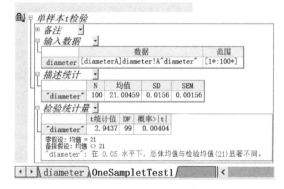

图 9-4 分析报表

9.1.2 双样本 t 检验

实际工作中，常常会遇到比较两个样本参数的问题，例如，比较两地区的 GDP 水平、比较两种治疗方案的优劣等。

【例 9-2】 对于 X、Y 双样本数列来说，如果它们相互独立，且都服从方差为常数的正态分布，那么可以使用两个独立样本 t 检验，来检验两个数列的平均值是否相同。即双样本 t 检验是分析两个符合正态分布的独立样本的均值是否相同，或与给定的值是否有差异。

医生想要评估两种安眠药的效果，为了测试这两种药物，随机选择 20 位失眠症患者进行试验，一半服用药物 A、另一半服用药物 B，并记录每位患者用药后延长的睡眠时间，通过双样本 t 检验比较两组数据，从而检测两种药品的效果是否存在差异。

1）将一个空的数据表置前，在素材文件中找到 time_raw. dat 文件，将其拖动到工作表中，即可将数据导入工作表，如图 9-5 所示。

2）选择菜单栏中的"统计"→"假设检验"→"双样本 t 检验"命令，弹出"双样本 t 检验：TwoSampletTest"对话框。

3）在该对话框中的"输入"选项卡中选择"原始数据"方式输入数据格式，如图 9-6 所示。

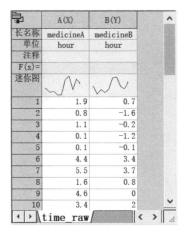

图 9-5　数据表（部分）　　　　　图 9-6　"双样本 t 检验：TwoSampletTest"对话框

4）在"均值 t 检验"选项卡中，"均值检验"接受默认值 0，如图 9-7 所示。单击"确定"按钮进行检验分析，完成后自动生成分析报表，如图 9-8 所示。

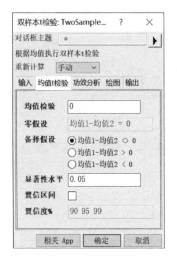

图 9-7　"均值 t 检验"选项卡　　　　　图 9-8　分析报表

由此可知，相对应的两组 P 值分别为 0.07384 和 0.074，均大于 0.05 的置信水平。由此可知，在统计意义上，两组实验的治疗效果没有明显差别。

9.1.3　配对样本 t 检验

配对样本是指对同一样本进行两次测试所得到的两组数据。

【例 9-3】　对于均服从方差为常数的正态分布但彼此并不独立的 X、Y 两个样本数列，可以使用配对样本 t 检验，来检验两个数列的平均值在统计学上是否差异显著。配对样本 t 检验的方法与双样本 t 检验基本相同。

现需要研究某种教学实践课程对提高学生的能力（成绩等）是否有效。实验中针对 n 个学生进行学习前测试，完成教学课程后再进行学习后测试，通过学生们的课程成绩来检验教学实践课程的效果。

1）将一个空的数据表置前，在素材文件中找到 pairsamplettest. dat 文件，将其拖动到工作表中，即可将数据导入工作表。

2）在右侧表格外右击，在弹出的快捷菜单中选择"添加新列"命令，即可插入 D（Y）列，在该列输入长名称 difference，在"F（X）="行输入 C-B，如图 9-9 所示。

3）选择菜单栏中的"统计"→"假设检验"→"配对样本 t 检验"命令，弹出"配对样本 t 检验：PairSampletTest"对话框。在"输入"选项卡"第一个数据范围"中选择 pre-module score 列，在"第二个数据范围"中选择 post-module score 列；在"均值 t 检验"选项卡的"均值检验"中输入 0，如图 9-10 所示。

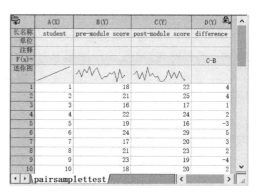

图 9-9 数据表（部分）

a)"输入"选项卡

b)"均值 t 检验"选项卡

图 9-10 "配对样本 t 检验：PairSampletTest"对话框

4）设置完毕后，单击"确定"按钮进行检验分析，完成后自动生成分析报表，如图 9-11 所示。

图 9-11 分析报表

由分析报表可知，t 统计量（-3.23125）和 P 值（0.00439）表明两组数据均值的差异是显著的，即学生前后的成绩是有差异的。

9.1.4 单样本比率检验

单样本比率检验是研究一个总体中具有某种特征的个体占比跟指定值是否相同。

【例 9-4】 现需要研究篮球运动员的投篮命中率，已收集到某位运动员的投篮数据为 25 投 20 中，需要研究其投篮命中率是否为 50%。

1）选择菜单栏中的"统计"→"假设检验"→"单样本比率检验"命令，弹出图 9-12 所示的"单样本比率检验：OneSampleProportionTest"对话框。

2）在"成功个数"处输入 20，"样本量大小"处输入 25，"检验比率"处输入 0.5，检验方法有正态近似和二项式分布检验两种，此处采用正态近似法。

3）单击"确定"按钮进行检验分析，完成后自动生成分析报表，如图 9-13 所示。

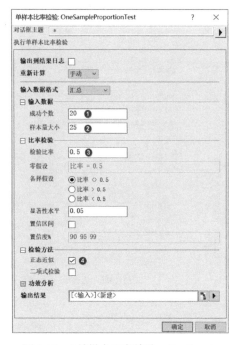

图 9-12 "单样本比率检验：OneSample ProportionTest"对话框

图 9-13 分析报表

由分析报表可知，显著性 P 值为 0.0027，小于 0.05，利用该方法计算的结论是这名运动员的命中率并不是 50%。

9.1.5 双样本比率检验

双样本比率检验可用于研究两个样本比率是否一致的问题。

【例 9-5】 如需要研究篮球运动员的投篮命中率，现在收集到某两位运动员的投篮数据，运动员 A 为 25 投 20 中，运动员 B 为 25 投 23 中，需要研究两位运动员的命中率是否一致。

1）选择菜单栏中的"统计"→"假设检验"→"双样本比率检验"命令，弹出图 9-14 所示的"双样本比率检验：TwoSampleProportionTest"对话框。

2）在"样本 1 的成功数"中输入 20，"样本 1 的样本量"中输入 25，"样本 2 的成功数"中输入 23，"样本 2 的样本量"中输入 25，检验方法有正态近似、使用合并 P 值作检验、Fisher 精确检验三种，此处采用正态近似及 Fisher 精确检验两种方法。

3）单击"确定"按钮进行检验分析，完成后自动生成分析报表，如图 9-15 所示。

图 9-14　"双样本比率检验：TwoSampleProportionTest"对话框

图 9-15　分析报表

由分析报表可知，由正态近似法得到显著性 P 值为 0.21445，由 Fisher 精确检验法得到显著性 P 值为 0.41743，均大于 0.05，说明两种检验法得到的两名运动员的命中率并无显著不同。

9.1.6　单样本方差检验

单样本方差检验研究总体的误差是否与指定值不同。

【例 9-6】　某生产厂家想要了解某批次螺母直径的误差是否控制在 2×10^{-4} mm 以内，随机抽取了 100 个样品进行检验。

1）将一个空的数据表置前，在素材文件中找到 diameter.dat 文件，将其拖动到工作表中，即可将数据导入工作表，如图 9-16 所示。

2）选中 A(X) 列，选择菜单栏中的"统计"→"假设检验"→"单样本方差检验"命令，弹出图 9-17 所示的"单样本方差检验：OneSampleTestVar"对话框。在"方差检验"中输入 2E-4。

3）单击"确定"按钮进行检验分析，完成后自动生成分析报表，如图 9-18 所示。

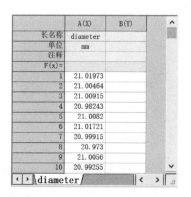

图 9-16　数据表（部分）

由分析报表可知，螺母直径的误差并没有控制在 2E-4 范围内。

图 9-17　"单样本方差检验：OneSampleTestVar" 对话框　　　　图 9-18　分析报表

9.1.7　双样本方差检验

双样本方差检验研究两个总体的方差是否相等。

【例 9-7】　医生需要评估两种失眠药的效果，随机选择了 20 名失眠症患者，一半服用药物 A，另一半服用药物 B，然后记录每名患者服用药物之后的睡眠延长时间，研究比较两种安眠药的方差是否有不同。

1）将一个空的数据表置前，在素材文件中找到 time_raw.dat 文件，将其拖动到工作表中，即可将数据导入工作表，如图 9-19 所示。

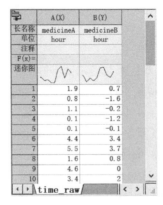

图 9-19　数据表（部分）

2）选择菜单栏中的 "统计" → "假设检验" → "双样本方差检验" 命令，弹出图 9-20 所示的 "双样本方差检验：TwoSampleTestVar" 对话框，"输入" 中选择 A、B 两列数据。

3）单击 "确定" 按钮进行检验分析，完成后自动生成分析报表，如图 9-21 所示。

由分析报表可知，显著性 P 值为 0.77181，大于 0.05，说明两种安眠药的效果并无显著不同。

图 9-20 "双样本方差检验：TwoSampleTestVar"对话框　　　图 9-21 分析报表

9.1.8 **行双样本 t 检验**

行双样本 t 检验逐行研究两个总体的均值是否相等。

【例 9-8】 针对 1994 年和 2004 年汽车的马力、速度、重量等数据，研究比较这几个汽车参数在 1994 年和 2004 年是否有所不同。

1）打开 power. ogwu 数据文件，选择菜单栏中的"统计"→"假设检验"→"双样本方差检验"命令，弹出图 9-22 所示的"行双样本 t 检验：rowttest2"对话框。

2）在"数据 1 的范围"中选择 1994 年的数据，"数据 2 的范围"中选择 2004 年的数据。

3）单击"确定"按钮进行检验分析，完成后自动生成分析结果，如图 9-23 所示。

由分析结果可知，针对每行数据出现对应的显著性 P 值，如 power 一行的显著性 P 值约为 1.32E-6，小于 0.05，说明 1994 年和 2004 年的 power 是存在显著性差异的。

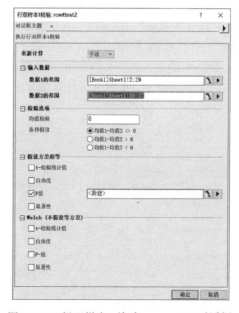

图 9-22 "行双样本 t 检验：rowttest2"对话框

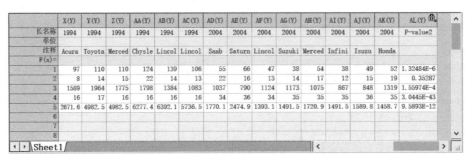

图 9-23　分析结果

9.2　非参数检验

非参数检验是与参数检验相对应的，参数检验是基于数据存在一定分布的假设，如 t 检验要求总体符合正态分布，F 检验要求误差呈正态分布且各组方差整齐等。但许多调查或实验所得的科研数据，其总体分布未知或无法确定，这时做统计分析常常不是针对总体参数，而是针对总体的某些一般性假设（如总体分布），这类方法称非参数统计。非参数统计方法简便、适用性强，但检验效率较低，应用时应加以考虑。

Origin 中的非参数检验方法有单样本 Wilcoxon 符合秩检验、配对样本符号检验、配对样本 Wilcoxon 符合秩检验和 Mann-Whitney 检验等。

9.2.1　单样本 Wilcoxon 符号秩检验

单样本 Wilcoxon 检验用于检验数据是否与目标值有明显的区别，从功能上讲，单样本 Wilcoxon 检验与单样本 t 检验完全一致，二者的区别在于数据是否正态分布：如果数据正态分布，则使用单样本 t 检验，反之则使用单样本 Wilcoxon 检验。

【例 9-9】　某车间中的一位质量工程师要检测某批次产品重量的中位数（或平均值是否为 166。于是他随机选取了 10 个样品，检测其重量，并使用 Wilcoxon 符号秩检验法进行分析。

1）打开 Wilcoxonsignrank1.ogwu 数据文件，选中 A 列，选择菜单栏中的"统计"→"非参数检验"→"单样本 Wilcoxon 符号秩检验"命令，弹出"单样本 Wilcoxon 符号秩检验：signrank1"对话框，如图 9-24 所示，根据题目要求进行设置。

2）单击"确定"按钮进行计算，输出的分析报表如图 9-25 所示。

操作视频

图 9-24　参数设置

图 9-25　分析报表

根据该报表可以得出总体中位数与检验中位数 166 不存在显著性差异。

9.2.2 配对样本 Wilcoxon 符号秩检验

配对样本 Wilcoxon 符号秩检验用于检验配对数据是否具有显著性差异，比如实验组和对照组的成绩差异性，手术前和手术后的体重差异性。

从功能上讲，配对样本 Wilcoxon 符号秩检验与配对样本 t 检验完全一致，二者的区别在于数据（配对数据的差值）是否正态分布：如果数据正态分布，则使用配对样本 t 检验，反之则使用配对样本 Wilcoxon 符号秩检验。

【例 9-10】 研究人员在 2004 年测量了 8 月和 11 月收获的同一年生木的金属含量，实验取 13 个样本，研究金属含量是否存在差异。

1）打开 Wilcoxonsignrank2Pair.opju 数据文件，选中 B、C 两列，选择菜单栏中的"统计"→"非参数检验"→"配对样本 Wilcoxon 符号秩检验"命令，弹出"配对样本 Wilcoxon 符号秩检验：signrank2"对话框，如图 9-26 所示，根据题目要求进行设置。

2）单击"确定"按钮进行计算，输出的分析报表如图 9-27 所示。

图 9-26 参数设置

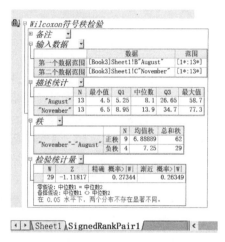

图 9-27 分析报表

根据该报告可以得出 P 值为 0.26349，大于 0.05，说明 8 月和 11 月的金属含量无显著性差异。

9.2.3 配对样本符号检验

配对样本符号检验是指在两个配对样本的对应总体分布都是连续性分布的情况下，检验这两个总体的中位数差异是否显著为零。

【例 9-11】 研究人员测得 10 头鹿的左后肢和右后肢长度，需要研究左后肢和右后肢的长度是否存在显著性差异。

1）打开 Sign2Pair.ogwu 数据文件，选中 B(Y)、C(Y) 两列，选择菜单栏中的"统计"→"非参数检验"→"配对样本符合检验"命令，弹出"配对样本符号检验：sign2"对话框，如图 9-28 所示，根据题目要求进行设置。

2）单击"确定"按钮进行计算，输出的分析报表如图 9-29 所示。

根据该报表可以得出 P 值为 0.10937，大于 0.05，说明左后肢和右后肢的长度无显著性差异。

图 9-28　参数设置

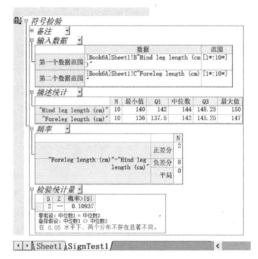

图 9-29　分析报表

9.2.4　Friedman 方差分析

Friedman 方差分析（弗里德曼检验）用于检测多个（相关）样本是否具有显著性差异，它是一种非参数检验方法。与单因素重复测量方差分析相似，但不需要满足正态分布。

【例 9-12】　眼科医生正在调查激光 He-Ne 疗法是否适用于儿童。他们采集了两组数据（6~10 岁和 11~16 岁）。每组数据包含 3 个疗程前后 5 名患者的裸眼视力差。

1）打开 FriedmanEyesigh.ogwu 数据文件，选中 B（Y）、C（Y）、D（Y）三列，选择菜单栏中的"统计"→"非参数检验"→"Friedman 方差分析"命令，弹出"Friedman 方差分析：fried-man"对话框，如图 9-30 所示，根据题目要求进行设置。

2）单击"确定"按钮进行计算，输出的分析报表如图 9-31 所示。

根该报表可以得出 P 值为 0.02599，小于 0.05，说明疗法对 6~10 岁的年龄组有效。

图 9-30　参数设置

图 9-31　分析报表

9.2.5 Mann-Whitney 检验

实际检验工作中，常常会遇到比较两个样本参数的问题，例如，比较两地区的收入水平、比较两种工艺的精度等。对于 X、Y 双样本数列来说，如果它们相互独立，并且都服从方差为常数的正态分布，那么可以使用两个独立样本 t 检验，来检验两个数列的平均值是否相同。如果不服从正态分布，则使用 Mann-Whitney 检验。

【例 9-13】 试根据国产汽车自动挡与手动挡每千米的耗油数据，来研究自动挡与手动挡之间的耗油量是否存在显著性差异。

1) 打开 MannWhitney.ogwu 数据文件，选择菜单栏中的"统计"→"非参数检验"→"Mann-Whitney 检验"命令，弹出"Mann-Whitney 检验：mwtest"对话框，如图 9-32 所示，根据题目要求进行设置。

2) 单击"确定"按钮进行计算，输出的分析报表如图 9-33 所示。

图 9-32 参数设置

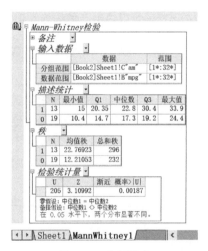

图 9-33 分析报表

根据报表可以得出 P 值为 0.00187，小于 0.05，说明自动挡与手动挡之间的耗油量存在显著性差异。

9.2.6 Kruskal-Wallis 方差分析

单因素方差分析适合检验两个以上的样本总体是否具有相同的平均值，该分析方法是建立在各数列均方差为常数、服从正态分布基础上的。如果数据不服从正态分布，则使用 Kruskal-Wallis 方差分析。

【例 9-14】 根据某地 5~9 月中每月的臭氧含量，研究每个月份之间的臭氧含量是否存在显著性差异。

1) 打开 KruskalWallis.ogwu 数据文件，选择菜单栏中的"统计"→"非参数检验"→"Kruskal-Wallis 方差分析"命令，弹出"Kruskal-Wallis 方差分析：kwanova"对话框，如图 9-34 所示，根据题目要求进行设置。

2) 单击"确定"按钮进行计算，输出的分析报表如图 9-35 所示。

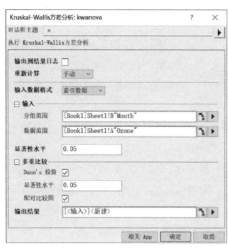

图 9-34　参数设置

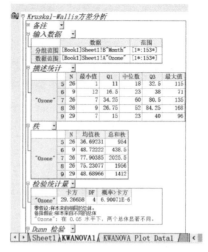

图 9-35　分析报表

根据该报表可以得出 P 值约为 6.9E-6，小于 0.05，说明 5~9 月的臭氧含量存在显著性差异。

9.2.7　双样本 Kolmogorov-Smirnov 检验

双样本 Kolmogorov-Smirnov 检验是比较两个样本时常用的非参数统计法。该方法对样本经验分布函数的形状和位置参数都非常敏感。

通过检验两样本总体分布的最大绝对值差异显著性，Kolmogorov-Smirnov 检验也可以用来确定两个相应总体的一维概率分布是否不同。

【例 9-15】　试根据国产汽车自动挡与手动挡每千米的耗油数据，来研究自动挡与手动挡之间的耗油量是否存在显著性差异。

1）打开 KolmogorovSmirnov. ogwu 数据文件，选择菜单栏中的"统计"→"非参数检验"→"双样本 Kolmogorov-Smirnov 检验"命令，弹出"双样本 Kolmogorov-Smirnov 检验：kstest2"对话框，如图 9-36 所示，根据题目要求进行设置。

2）单击"确定"按钮进行计算，输出的分析报表如图 9-37 所示。

图 9-36　参数设置

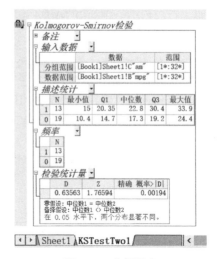

图 9-37　分析报表

根据报表可以得出 P 值为 0.00194，小于 0.05，说明自动挡与手动挡之间的耗油量存在显著性差异。

9.2.8 Mood 中位数检验

Mood 中位数检验适合检验两个以上的样本总体中位数是否相同。

【例 9-16】 根据某地 5~9 月中每月的臭氧含量，研究每个月份之间的臭氧含量中位数是否存在显著性差异。

1）打开 MoodMediantest. opju 数据文件，选择菜单栏中的"统计"→"非参数检验"→"Mood 中位数检验"命令，弹出"Mood 中位数检验：mediantest"对话框，并根据题目要求进行设置，设置完成后的对话框如图 9-38 所示。

2）单击"确定"按钮进行计算，输出的分析报表如图 9-39 所示。根据该报表可以得出 P 值约为 6.63E-5，小于 0.05，说明 5~9 月的臭氧含量中位数存在显著性差异。

图 9-38　参数设置

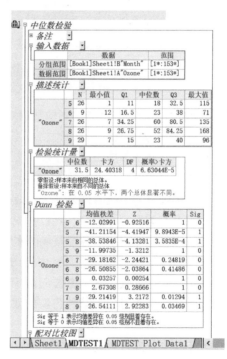

图 9-39　分析报表

第10章 高级统计分析

Origin 与统计科学密切结合，提供了高级统计分析工具，如生存分析、功效和样本量大小、ROC 曲线、多变量分析等。其中，生存分析涉及有关疾病的愈合、死亡，或者器官的生长发育等时效性指标；统计功效大量应用于医学、生物学、生态学和人文社会科学等方面的统计检验中；ROC 曲线主要用于临床化学、药理学和生理学方面的诊断研究，已被广泛用作描述和比较诊断性试验效果的标准方法；多变量分析方法包括主成分分析、聚类分析、判别分析等。

10.1 生存分析

操作视频

生存分析是指根据试验或调查得到的数据对生物或人的生存时间进行分析和推断，研究生存时间和结局与众多影响因素间关系及其程度大小的方法，也称存活率分析。

生存分析是研究某一事件的过程分析方法，例如，治疗过程中的死亡分析，该过程的持续时间称为存活时间。在研究过程中，如果观测的事件发生，则存活时间为完成时间；如果在研究过程中观测的个案事件未发生，则存活时间称为考核时间。

生存分析涉及有关疾病的愈合、死亡，或者器官的生长发育等时效性指标，最初主要用于生命科学领域，现已广泛应用于各个领域的实验，用于估计存活率。

某些研究虽然与生存无关，但研究中随访资料常因失访等原因造成某些数据观察不完整，要用专有方法进行统计处理。这类方法起源于对寿命资料的统计分析，故也称为生存分析。如某种药物对某种疾病是否有效、某种药物的效力作用时间、某种实验方法对某种材料寿命的影响、某种部件的使用寿命分析等。

在 Origin 中，生存分析有 Kaplan-Meier 估计、Cox 模型估计和 Weibull 模型三个适用广泛的分析模型，它们的计算方法都是在多次失败的基础上，估计可能存活的生存函数，绘制生存函数图（存活曲线）和描述存活率。

10.1.1 Kaplan-Meier 估计

Kaplan-Meier 估计法也称为乘积极限估计法，是一种通过寿命数据来估计生存方程的非参数统计方法。Kaplan-Meier 估计是计算存活率的经典模型，可用于检验两个或多个数据组的生存率曲线分布是否相同。

【例 10-1】 科学家为寻找一种更好的抗癌药物，进行了如下科学实验：将一些大鼠暴露在致癌二甲基苯丙胺后，对其分组并使用不同的药物进行治疗，记录它们在接下来 60h 内的生存状态。在第一组中，15 只大鼠在暴露并施药 1h 后依然存活（其中 1 只大鼠在 30h 时因特殊原因死亡）；在第二组中，15 只大鼠在暴露并施药物 2h 后依然存活（其中 3 只大鼠于第 14h、15h、

25h 时因特殊原因死亡），数据记录于 SurvivedRats. dat 中，其中，0 表示非癌死亡，1 表示因癌死亡，2 表示存活。

1）将一个空的数据表置前，在素材文件中找到 SurvivedRats. dat 文件，将其拖动到工作表中，即可将数据导入工作表。

2）选择菜单栏中的"统计"→"生存分析"→"Kaplan-Meier 估计"命令，弹出"Kaplan-Meier 估计:kaplanmeier"对话框。

3）在"输入"选项卡中的"时间范围"中选择 A(X)：Hour 列，在"删失范围"中选择 B(Y)：Status 列，在"分组范围（可选）"中选择 C(Y)：Drug 列，并在"删失值"中输入"0 2"，其余接受默认值，如图 10-1a 所示。

a)"输入"选项卡　　　　　　　b)"生存函数图"选项卡

图 10-1　"Kaplan-Meier 估计:kaplanmeier"对话框

4）在"生存函数图"选项卡中确认勾选"生存函数""风险函数"等复选框，如图 10-1b 所示。

5）设置完成后，单击"确定"按钮，完成存活率计算，分析报表保存在自动生成的工作表中，如图 10-2a 所示。

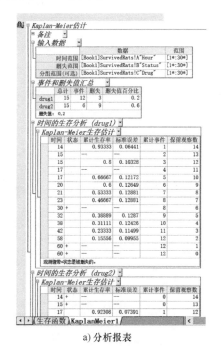 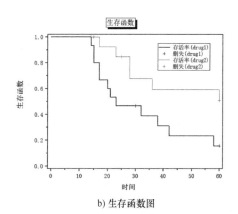

a)分析报表　　　　　　　　　b)生存函数图

图 10-2　分析结果

6）在报表最下方的生存函数图上双击，修改坐标轴的刻度范围，并适当调整图例位置及字体大小，得到图 10-2b 所示的生存函数图。

生存函数图是寿命表的直观表示，生存函数的 Kaplan-Meier 估计图为一系列包含下降水平的阶梯，曲线下降越快，存活率越低。本测试中的 Kaplan-Meier 估计图显示了两组大鼠在每个时刻的个体存活率比例，可以看出，药物 1 的曲线下降更快，说明药物 2 较药物 1 抗癌能力更强。

10.1.2　Cox 模型估计

Cox 模型估计也即比例风险模型，是另一个计算存活率和相对危险度的模型，它是生存分析中的经典半参数分析法。

Cox 模型估算了各变量对个体生存和死亡的影响，通过 Cox 回归分析可以得到各变量及其对应风险系数的方程，当变量的回归系数为正时，表明该变量的值越大，风险越高，系数为负时反之。

比例风险需做如下假设：观测值应当是独立的且风险率是恒定的，也即从一个风险到另一个风险的比例不随时间变化。

1）将一个空的数据表置前，在素材文件中找到 phm_Cox.dat 文件，将其拖动到工作表中，即可将数据导入工作表。

2）选择菜单栏中的"统计"→"生存分析"→"Cox 模型估计"命令，弹出"Cox 模型估计:phm_Cox"对话框。

3）在该对话框的"时间范围"中选择 A(X)列，在"删失范围"中选择 B(Y)列，在"协变量范围"中选择 D(Y)列，并在"删失值"中输入 0。

4）勾选"生存函数图"下的"生存函数"及"风险函数"复选框，如图 10-3 所示。

5）设置完成后，单击"确定"按钮，完成存活率计算，分析报表保存在自动生成的工作表中，如图 10-4 所示。

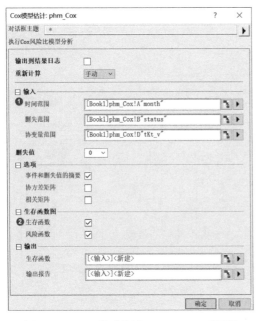

图 10-3　"Cox 模型估计:phm_Cox"对话框

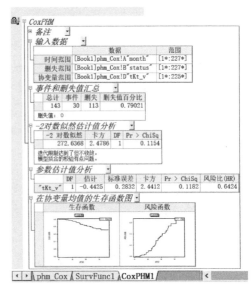

图 10-4　分析报表

6）在报表最下方的生存函数图上双击，修改坐标轴的刻度范围，并适当调整图例位置及字体大小，得到图 10-5 所示的生存函数图及图 10-6 所示的风险函数图。

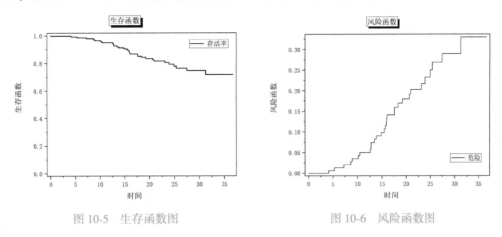

图 10-5　生存函数图　　　　　　　　图 10-6　风险函数图

由生存函数图得出每小时存活个体的比例，并能直观地把预测模型显示出来。

10.1.3　Weibull 拟合

Weibull 拟合是一种利用参数方法分析存活函数和失效时间的模型，用于确定生存方程和生存时间之间的关系。通过该方法可以得到生存函数与风险函数的 Weibull 分布。

1）将一个空的数据表置前，在素材文件中找到 Weibull_fit.dat 文件，将其拖动到工作表中，即可将数据导入工作表。

2）选择菜单栏中的"统计"→"生存分析"→"Weibull 拟合"命令，弹出图 10-7 所示的"Weibull 拟合:weibullfit"对话框。

3）在该对话框中，"时间范围"选择 A(X)：A 列，"删失范围"选择 B(Y)：B 列，并在"删失值"中输入 0，其余接受默认值。

4）设置完成后，单击"确定"按钮，完成存活率计算，分析报表保存在自动生成的工作表中，如图 10-8 所示。

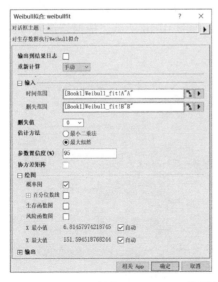

图 10-7　"Weibull 拟合:weibullfit"对话框

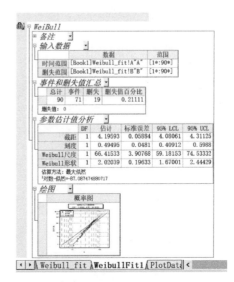

图 10-8　分析报表

由于 $c>1$，所以风险随时间的增加而增大。在分析报表的"参数估计值分析"中可以得到 Weibull 分布的近似参数值：截距 $\theta=4.1959$、Weibull 尺度 $\sigma=66.4153$、Weibull 形状 $c=2.0204$、刻度 $1/c=0.4950$，由此得到生存函数和风险函数的估计为

$$S(x)=e^{-\left(\frac{x-4.1959}{66.4153}\right)^{2.0204}}$$

$$h(x)=\frac{2.0204}{66.4153}\cdot\left(\frac{x-4.1959}{66.4153}\right)^{2.0204}$$

10.2 功效和样本量大小

操作视频

统计功效是统计学中的一个重要概念，也是一个十分有用的测度指标。简单地说，统计功效是指，在拒绝原假设后，接受正确的替换假设的概率。统计功效大量应用于医学、生物学、生态学和人文社会科学等方面的统计检验中。例如，在国外抽样调查设计方案中，对统计功效的要求如同对显著性水平 α 一样，是不可缺少的内容。

统计功效的大小取决于多种因素，包括检验的类型、样本容量、α 水平，以及抽样误差的状况。统计功效分析应是上面诸多因素的综合分析。

检验的功效是当备择假设为真时，拒绝原假设的概率。功效和样本量大小计算可用于判断实验是否能给出有价值的信息，相反，功效分析也能用于在获得满意检验的情况下确定最小的样本大小。

Origin 中功效和样本量大小计算的方法有单样本 t 检验、双样本 t 检验、配对样本 t 检验和单因素方差分析等。

10.2.1 单样本 t 检验

计算单样本 t 检验是指确定在单样本 t 检验给定样本大小时的检验功效，或确定特定功效下的单样本 t 检验样本大小。下面结合实例进行具体介绍。

【例 10-2】 社会学家希望确定美国平均婴儿死亡率是否为 8%，实验设计中差别率不能大于 0.5%，研究中标准差为 2.1。在计算置信水平 95%（$\alpha=0.05$）的条件下，为了使婴儿平均死亡率的估计达到 0.7、0.8 和 0.9 的检验功效值，需要选择的样本数量。

1）选择菜单栏中的"统计"→"功效和样本量大小"→"（PSS）单样本 t 检验"命令，弹出"（PSS）单样本 t 检验:PSS_tTest1"对话框，如图 10-9 所示，根据题目要求进行设置。

2）单击"确定"按钮进行计算，输出的分析报表如图 10-10 所示。根据该报表可以得出在不同功效条件下调查样本的大小。

图 10-9 "（PSS）单样本 t 检验:PSS_tTest1"对话框

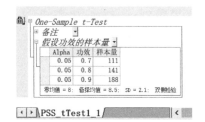

图 10-10 分析报表

10.2.2　双样本 t 检验

计算双样本 t 检验是指确定在双样本 t 检验给定样本大小时的检验置信度，或确定特定信度下两个独立样本的大小。功效和样本量大小工具可用于样本大小的确定和置信度的计算。前者用于确定样本的大小，以保证用户设计的试验在一定的置信度水平上；后者用于在一定的样本大小条件下估计实验结果的精度。

【例 10-3】　一个医疗办公室参加了 Healthwise 和 Medcare 两个保险计划，用于比较要求赔付时，两个保险计划平均理赔的时间（天）。

历史数据显示 Healthwise 保险计划平均理赔时间为 32 天，标准差为 7.05 天；Medcare 保险计划的平均理赔时间为 42 天，标准差为 3.5 天。现选择计划中的 10 个索赔，并记录相应的报销时间，在 0.05 的置信度水平下想检测出两计划之间的平均报销时间有差异。计算这样的实验检测功效是多少。

1）计算总标准差：$\sqrt{\dfrac{(5-1)\times 7.5^2+(5-1)\times 3.5^2}{(5+5-2)}}=5.85235$，双样本大小为 10。

2）选择菜单栏中的"统计"→"功效和样本量大小"→"（PSS）双样本 t 检验"命令，弹出"（PSS）双样本 t 检验:PSS_tTest2"对话框，如图 10-11 所示。

3）对其中的各选项进行设置，"第一组均值"设置为 32，"第二组均值"设置为 42，其余各项设置如图 10-11 所示。

4）设置完成之后，单击"确定"按钮进行计算，输出的分析报表如图 10-12 所示，根据报表可以得出该医疗办公室若均对 5 个要求理赔者进行调查，具有 95% 的概率检测到不同。

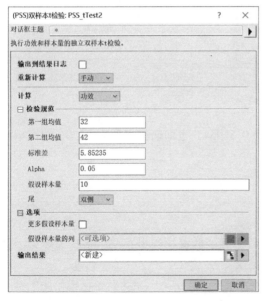

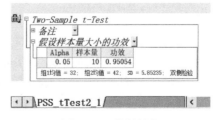

图 10-11　"（PSS）双样本 t 检验:PSS_tTest2"对话框　　　　图 10-12　分析报表

10.2.3　配对样本 t 检验

配对样本 t 检验用于确定进行配对样本 t 检验的样本量/功效大小。

【例 10-4】 为研究在手动灵巧性方面主导手和非主导手的区别，一个行为研究者设计了一个实验，其中每个人将桌子上的 10 个小珠子放在碗中，一次用主导手，一次用非主导手。研究者测量完成每轮任务所需的秒数，同时也确定了双手的测量顺序。主导手和非主导手所需的平均时间期望值分别为 5s 和 10s，并且主导手效率更高。标准差为 10。研究者收集了 35 个受试者作为样本。试问当通过 35 个样本来检测 5s 的幅度差异时，其检测功效是多少？

1）选择菜单栏中的"统计"→"功效和样本量大小"→"（PSS）配对样本 t 检验"命令，弹出"（PSS）配对样本 t 检验：PSS_tTestPair"对话框，如图 10-13 所示，根据题目要求进行设置。

2）单击"确定"按钮进行计算，输出的分析报表如图 10-14 所示。

图 10-13 "（PSS）配对样本 t 检验：PSS_tTestPair"对话框　　　图 10-14 分析报表

由报表可知，样本量为 35 时的检验功效为 0.81954，也即研究者约有 82.0% 的概率检测到 5s 的差异。

10.2.4 单比率检验

单比率检验可用于确定给定比率下样本量的大小。

【例 10-5】 若期待检验值为 0.5，实验中收集到的数据比例为 0.55，估计需要多少样本才能使实验的置信度达到 95%，且检验功效达到 0.8。

1）选择菜单栏中的"统计"→"功效和样本量大小"→"（PSS）单比率检验"命令，弹出"（PSS）单比率检验：PSS_proportionTest1"对话框，如图 10-15 所示，根据题目要求进行设置。

2）单击"确定"按钮进行计算，输出的分析报表如图 10-16 所示。

由报表可知，需要 780 个样本才能有 95% 的置信度来保证本次单比率检验的检验功效达到 0.8。

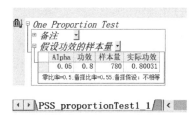

图 10-15　"（PSS）单比率检验：PSS_proportionTest1"对话框　　　图 10-16　分析报表

10.2.5　双比率检验

双比率检验可用于确定给定两个样本比率下的样本量大小。

【例 10-6】　已知某种类型的皮肤损伤如果不治疗的话将有 30% 的概率发展成癌症。市场上有种药物可以使癌症发病率减少 10%，一家制药公司开发了一种新药来治疗皮肤病变，但只有在新药比现有药物好 5% 以上时才值得继续研究。所以制药公司计划对随机分成两组的患者进行研究，对照未治疗组和治疗组。公司想知道需要多少测试样本来进行试验，使得测试比率差异为 0.15，并且检验功效达到 0.8，α 值达到 0.05。

1）选择菜单栏中的"统计"→"功效和样本量大小"→"（PSS）双比率检验"命令，弹出"（PSS）双比率检验：PSS_proportionTest2"对话框，如图 10-17 所示，根据题目要求进行设置。

2）单击"确定"按钮进行计算，输出的分析报表如图 10-18 所示。

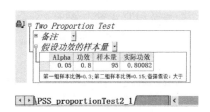

图 10-17　"（PSS）双比率检验：PSS_proportionTest2"对话框　　　图 10-18　分析报表

由报表可知，在置信度为 95%（$\alpha = 0.05$）的情况下，若希望检测得到 0.15 的比率差异，需要每组使用 95 个受试者才能达到 0.8 的检验功效。

10.2.6 单方差检验

单方差检验可用于确定进行单方差检验的样本量和功效大小。

【例 10-7】 假设方差为 0.5，备择方差为 0.4，期待设计出来的实验显著性水平为 0.05 以下，检验功效达到 0.8 或 0.9，研究需要多少样本量才能达到要求。

1）选择菜单栏中的"统计"→"功效和样本量大小"→"（PSS）单方差检验"命令，弹出"（PSS）单方差检验：PSS_varTest1"对话框，如图 10-19 所示，根据题目要求进行设置。

2）单击"确定"按钮进行计算，输出的分析报表如图 10-20 所示。

图 10-19 "（PSS）单方差检验：PSS_varTest1"对话框

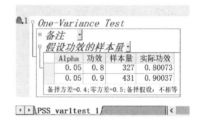

图 10-20 分析报表

由报表可知，为了检验 0.4 的备择方差（也就是 0.8 的方差比率），要求收集的样本为 327 个，这样才能获得检验功效值 0.8，同样，功效为 0.9 时样本需要 431 个。

10.2.7 双方差检验

双方差检验用于确定进行双方差检验的样本量和功效大小。

【例 10-8】 研究者想评估两组不同样本的变异性是否相同。为准备实验，研究人员想知道如果希望进行双方差检验（两组样本的标准差比为 0.75），从每组抽取 40 个样本的检验功效是多少，50 个样本的检验功效又是多少？

1）选择菜单栏中的"统计"→"功效和样本量大小"→"（PSS）双方差检验"命令，弹出"（PSS）双方差检验：PSS_varTest2"对话框，如图 10-21 所示，根据题目要求进行设置。

2）单击"确定"按钮进行计算，输出的分析报表如图 10-22 所示。

由报表可知，根据 Levene's 方法得出，当样本量为 40 时，实验检验功效为 0.12877，样本量为 50 时，实验检验功效为 0.15164。

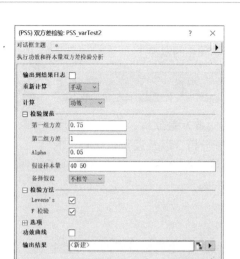

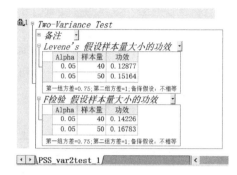

图 10-21　"（PSS）双方差检验：PSS_varTest2"对话框　　　　图 10-22　分析报表

10.2.8　单因素方差分析

单因素方差分析用于已知样本大小时的检验置信度的确定或特定信度下样本大小的确定。功效和样本量大小工具可用于样本大小的确定和置信度的计算。前者用于确定样本的大小，以保证用户设计的试验在一定的信度水平；后者用于在一定的样本大小条件下估计实验结果的精度。

【例 10-9】　研究中希望了解不同的植物是否具有不同的氮含量。已记录了 5 种植物的氮含量，每种植物有 30 组数据，以前的研究表明标准差为 50，修正平方和为 400，希望了解该实验是否可行。

1）总样本尺寸为 30×5 = 150。

2）选择菜单栏中的"统计"→"功效和样本量大小"→"单因素方差分析"命令，弹出"（PSS）单因素方差分析：PSS_ANONA1"对话框，如图 10-23 所示。在该对话框中，根据题目要求进行设置。

3）单击"确定"按钮进行计算，输出的分析报表如图 10-24 所示。

图 10-23　"（PSS）单因素方差分析：PSS_ANOVA1"对话框　　　　图 10-24　分析报表

从结果中可以看出，当样本量为 100、150、200 时，分别有 90.8%、98.6%、99.8% 的概率检测到每组间的差别，也即本例中 150 的样本量拥有 98.6% 的概率。

10.3 多变量分析

操作视频

社会科学研究中，主要的多变量分析方法包括多变量方差分析、主成分分析、因子分析、典型相关、聚类分析、判别分析、多维量表分析，以及近来颇受瞩目的验证性因子分析、线性结构模型与逻辑斯蒂回归分析等。在 Origin 中，多变量分析的方法有主成分分析、K-均值聚类分析、判别分析和系统聚类分析等。

10.3.1 主成分分析

主成分分析的主要功能是分析多个变量间的相关性，以建构变量间的总体性指标。当研究者测量一群彼此间高度相关的变量时，则在进行显著性检验前，为避免变量数过多，造成解释上的复杂与困扰，常会先进行主成分分析，在尽量不丧失原有信息的前提下，抽取少数几个主成分，作为代表原变量的总体性指标，达到资料缩减的功能。进行主成分分析时，并无自变量和因变量的区别，但是所有变量都必须是定距变量以上层次。

【例 10-10】 试根据测量的 25 个国家居民所摄入的蛋白质，用主成分分析来研究不同蛋白质的来源跟各个国家之间的关系。

1）将一个空的数据表置前，在素材文件中找到 Protein Consumption in Europe. dat 文件，将其拖动到工作表中，即可将数据导入工作表。

2）选择菜单栏中的"统计"→"多变量分析"→"主成份分析"命令，弹出"主成份分析:pca"对话框，在"输入"选项卡中，"变量"选择 B（Y）~J（Y）列，"观测值标记"选择 A（X）列，如图 10-25 所示。

3）在"设置"选项卡中，"提取成分个数"设为 4，"排除缺失值"设为"按对"，如图 10-26 所示。

图 10-25 "输入"选项卡

图 10-26 "设置"选项卡

4）单击"确定"按钮进行计算，输出的分析报表如图 10-27 所示。

在"相关矩阵的特征值"表中，可以看到前 4 个主成分解释了 86% 的方差，剩余成分各贡献 5% 或更少，因此选择保留 4 个主成分。

在"相关矩阵"表中，可以发现变量之间高度相关，大部分相关值大于 0.3，因此适合使用主成分分析去除变量间的线性相关性。

主成分变量定义为原始变量的线性组合，"提取的特征向量"表为转换方程提供了线性方程的系数。

碎石图主要用来判断提取多少主成分，如图 10-28 所示，当提取 3 个或 4 个的时候，后续曲线变化较小，本例提取 4 个主成分。

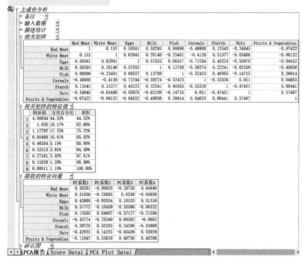

图 10-27　分析报表

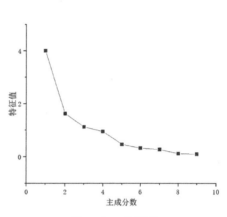

图 10-28　碎石图

载荷图主要用来判断分析因素之间的关系，如图 10-29 所示。

双标图同时显示了两个选定成分的载荷和分值，可以显示观测样本在计分点子空间上的投影，还可以找到两个最主要成分子空间上观测样本和变量的比率，如图 10-30 所示。

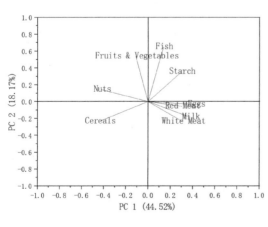

图 10-29　载荷图

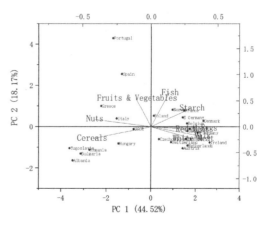

图 10-30　双标图

由分析结果可以判断，西班牙和葡萄牙的居民摄入蛋白质的来源与其他欧洲国家不同，主要依靠水果和蔬菜，而东欧国家，如保加利亚、罗马尼亚等国居民更喜欢谷物和坚果。

10.3.2　聚类分析

聚类分析的主要功能是进行分类，当研究者有观测值时，常会根据观测值的相似性或差异性进行分类，以形成几个性质不同的类别，简化解释的工作。也就是说，聚类分析根据对变量的观察值进行分类，以达到组内同质、组间异值的目的。

聚类分析完成后，通常可以进行判别分析，以识别分类的效度。当然，在某些时候也可以对变量进行分类（此功能类似因子分析，因此多采用因子分析解决问题）。进行聚类分析时，并无自变量和因变量的区分，但是所有变量都必须是定距变量以上层次。

1. 系统聚类分析

系统聚类分析过程只限于较小的数据文件，但是能够对个案或变量进行聚类，计算可能解的范围，并为其中的每一个解保存聚类成员。此外，若所有变量的类型相同，系统聚类分析过程可以分析区间、计数或二值变量。

根据聚类过程，可以将系统聚类分成分解法和凝聚法两种。

1）分解法：聚类开始前先将所有个体都视为一个大类，然后根据距离和相似性原则逐层分解，直到参与聚类的每个个体自成一类为止。

2）凝聚法：聚类开始前先将每个个体都视为一类，然后根据距离和相似性原则逐层合并，直到参与聚类的所有个体合并成一个大类为止。

【例 10-11】 本例研究某国的平均温度，数据文件中有 228 个城市〈观测样本〉和与之对应的变量（经度、纬度和不同月份的温度），这里使用不同月份的温度来进行系统聚类分析。

1）将一个空的数据表置前，在素材文件中找到 USMeanTemperature. dat 文件，将其拖动到工作表中，即可将数据导入工作表。

2）选择菜单栏中的"统计"→"多变量分析"→"系统聚类分析"命令，弹出"系统聚类分析:hcluster"对话框，在"输入"选项卡中，"变量"选择 D(Y) ~ O(Y) 列，"观测值标记"选择 A(X) 列，如图 10-31a 所示。

a)"输入"选项卡

b)"设置"选项卡

c)"输出量"选项卡

d)"绘图"选项卡

图 10-31　"系统聚类分析:hcluster"对话框

3）在"设置"选项卡中，"聚类方法"选择 Ward，在"聚类个数"中输入 4，如图 10-31b 所示，即通过随机选择的数据来进行系统聚类分析以找到最佳的聚类方案。

4）继续在"输出量"选项卡、"绘图"选项卡中进行设置，如图 10-31c、图 10-31d 所示。

5）其他选项保持默认值，单击"确定"按钮进行计算，输出的分析报表如图 10-32a 所示。观测值和聚类中心的距离如图 10-32b 所示，每个个案的分类情况如图 10-32c 所示。图 10-33 所示为谱系图，可以判断聚类情况。

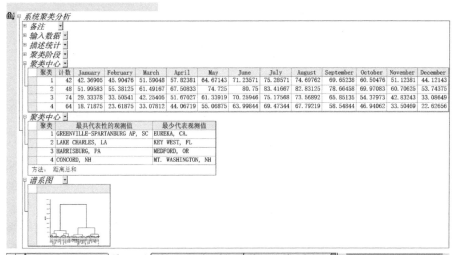

a) 分析报表

b) 观测值和聚类中心的距离　　　　　c) 每个个案的分类情况

图 10-32　分析结果

2. K-均值聚类分析

在 Origin 中，快速聚类使用的是 K-均值分类法，可以完全使用系统默认值进行聚类，也可以对聚类过程设置各种参数进行人为干预，如事先指定聚类个数，指定使聚类过程中止的收敛判据（比如迭代次数等）。

进行快速聚类首先要选择聚类分析的变量和分类数，参与聚类分析的变量必须是数值变量，

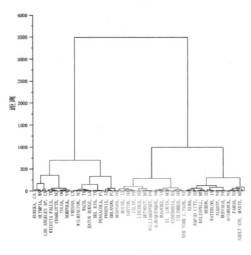

图 10-33　谱系图

且至少要有 1 个。为了清楚地表明各观测量最后聚到哪一类，还应该指定一个表明观测量特征的变量作为标示变量，如姓名、编号等。聚类个数须大于或等于 2，但不能大于数据集中的观测记录个数。

如果选择了 n 个数值型变量进行快速聚类，则这 n 个变量组成 n 维空间，每个观测量在 n 维空间中是一个点，设最后要求的聚类个数为 k，则 k 个事先选定的观测量就是 k 个聚类中心点，也称为初始类中心。然后把每个观测量都分派到与这 k 个中心距离最小的那个类中，构成第一次迭代形成的 k 类，根据组成每一类的观测量，计算各变量的均值，每一类的 n 个均值在 n 维空间中又形成 k 个点，构成第二次迭代的类中心。

按照这种方法依次迭代下去，直到达到指定的迭代次数或达到中止迭代的要求时，聚类过程结束。

K-均值聚类与系统聚类的区别之一就是必须预先给定 K-均值聚类方法中的 k 值，也就是想要最终聚类的类别数目。

【例 10-12】　本例中，利用前述数据研究某国的平均温度。数据文件中有 228 个城市（观测样本）和与之对应的变量（经度、纬度和不同月份的温度），本例使用不同月份的温度来进行K-均值聚类分析。

本例中需要根据前述系统聚类方法得出大致分类，然后根据其结果将 4 作为 K-均值聚类的初始值。

1）将一个空的数据表置前，在素材文件中找到 USMeanTemperature. dat 文件，将其拖动到工作表中，即可将数据导入工作表。

2）选择菜单栏中的"统计"→"多变量分析"→"K-均值聚类分析"命令，弹出"K-均值聚类分析:kmeans"对话框，在"输入"选项卡中，"变量"选择 D(Y) ~ O(Y)列，"观测值标签"选择 A(X)列，如图 10-34a 所示。

3）在"选项"选项卡中，在"聚类个数"中输入 4，如图 10-34b 所示。

4）继续在"输出量"选项卡、"绘图"选项卡中进行设置，如图 10-34c、图 10-34d 所示。

5）其他保持默认值，单击"确定"按钮进行计算，输出的分析报表如图 10-35 ~ 图 10-37 所示。图 10-38 所示为聚类图，可以判断聚类情况。

a)"输入"选项卡

b)"选项"选项卡

c)"输出量"选项卡

d)"绘图"选项卡

图 10-34　"K-均值聚类分析:kmeans"对话框

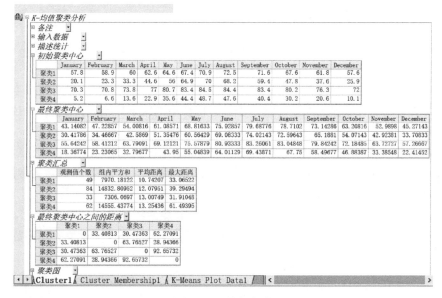

图 10-35　分析报表

长名称	A(X1) 成员	B(X2) 距离
单位		
注释		
F(x)=		
类别	升序	
1	2	39.29494
2	2	30.81124
3	2	20.89054
4	2	20.38397
5	2	24.1017
6	2	14.80456
7	2	18.52919
8	1	5.98232
9	1	32.0599
10	2	22.51612

◀ ▶ Cluster Membership1 / K-Means

图 10-36　观测值和聚类中心的距离

长名称	A(Y) PC 1	B(Y) PC 2	C(L) City	D(X) 成员
单位	90.26%	8.50%		
注释	分数		分值标签	
F(x)=				
类别			未排序	升序
1	-1.79618	-4.43389	EUREKA, CA.	2
2	-2.27074	-3.59233	ASTORIA, OR	2
3	-1.60258	-2.31043	EUGENE, OR	2
4	-1.39858	-2.20378	SALEM, OR	2
5	-2.56709	-2.67747	OLYMPIA, WA	2
6	-0.46904	-1.02443	MEDFORD, OR	2
7	-0.99828	-1.90992	PORTLAND, OR	2
8	2.34908	0.00295	REDDING, CA	1
9	0.01182	-3.68303	SAN FRANCISCO AP, CA	1
10	-1.35012	-2.45954	SEATTLE C.O., WA	2

◀ ▶ Cluster Membership1 / K-Means Plot Data1

图 10-37　每个个案的分类情况

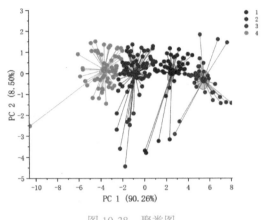

图 10-38　聚类图

10.3.3　判别分析

判别分析是多变量分析中应用非常广泛的统计方法，它可以用来对样本进行分类工作，也可以用来了解不同类别样本在某些变量上的差异情形，还可以根据不同类别的样本在某些变量上的实际表现，预测新的样本属于某一类别的概率。

因此，在行为科学中，研究者常常单独使用判别分析建立判别函数，以对新样本进行预测；或是多变量方差分析的检验值达到显著性水平后，比较不同组别样本在因变量平均数上的差异情形；或是聚类分析后，检验聚类分析的正确性。

判别分析的原理是利用已知对象的某些观测指标和所属类别，根据判别准则建立一个或多个判别函数，用研究对象的大量资料来确定判别函数中的待定系数，并计算判别指标，然后用总结出的判别规则确定未知对象属于哪一类。

假设某对象有 k 类，这 k 类可以看作 k 个总体，该对象的特性由 p 个指标 x_1，x_2，$\cdots$，x_p 来描述，已观察到 i 个样品。根据这些观测数据，SPSS 通过判别分析自动建立判别函数，如下：

$$\begin{cases} d_{i1} = b_{01} + b_{11}x_{i1} + \cdots + b_{p1}x_{ip} \\ d_{i2} = b_{i2} + b_{12}x_{i1} + \cdots + b_{p2}x_{ip} \\ \qquad\qquad \vdots \\ d_{ik} = b_{0k} + b_{1k}x_{i1} + b_{pk}x_{i1} + \cdots + b_{pk}x_{ip} \end{cases}$$

其中，k 为判别函数的个数；d_{ik} 为第 k 个判别函数所求得的第 i 个样本的值；b_{jk} 为第 k 个判别函数的第 j 个系数；x_{ij} 为第 j 个指标在第 i 个样本中的取值；p 为指标的个数。

这些判别函数是各个独立指标（变量）的线性组合。对每个样本进行判别时，把各指标取值代入判别函数，得出判别分数，从而确定该样品属于哪一类。

【例 10-13】 鸢尾花数据集（Fisher's Iris Data）是一类多重变量分析的数据集，在统计学中作为判别分析的示例，多用于演示分类模型。该数据集包含 150 个样本，属于鸢尾属下的三个亚属（setosa、virginica 及 versicolor）。该数据集中鸢尾花的萼片及花瓣的长度和宽度（单位：cm）四个特征被用作定量分析。下面使用这四个特征量通过判别分析鉴定样本所述物种。

示例中可以先使用包含 120 行数据的随机样本来创建判别分析模型，然后通过剩余的 30 行数据来验证模型的准确性。

1）将一个空的数据表置前，在素材文件中找到 Fisher'sIrisData.dat 文件，将其拖动到工作表中，即可将数据导入工作表。

2）在 E(Y) 列上右击，在弹出的快捷菜单中选择"设置为类别列"，此时会出现"类别"行，并在 E(Y) 列的"类别"行中显示"未排序"。

3）选择菜单栏中的"统计"→"多变量分析"→"判别分析"命令，弹出"判别分析：discrim"对话框如图 10-39 所示。在"输入数据"选项卡中，"训练样本分组"选择 F(Y) 列，

a)"输入数据"选项卡

b)"设置"选项卡

c)"统计"选项卡

d)"输出量"选项卡

e)"绘图"选项卡

图 10-39 "判别分析：discrim"对话框

"训练样本"选择 B(Y)~E(Y)列。

    4）在"输出量"选项卡中，勾选"判别函数系数"复选框。

    5）其他保持默认值，单击"确定"按钮进行计算，输出的分析报表如图 10-40 所示。

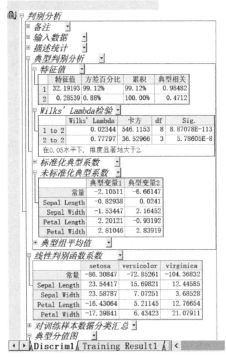

a) 总表

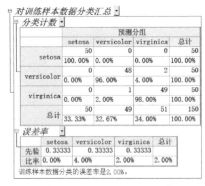

b)"对训练样本数据分类汇总"表

图 10-40　分析报表

    由"典型判别分析"表可得到判别函数模型，通过"未标准化典型系数"表可知典型判别方程组为

$$\begin{cases} D_1 = -2.10511 - 0.82938 S_L - 1.53447 S_W + 2.20121 P_L + 2.81046 P_W \\ D_2 = -6.66147 + 0.0241 S_L + 2.16452 S_W - 0.931921 P_L + 2.83919 P_W \end{cases}$$

式中，S_L 为萼片长度；S_W 为萼片宽度；P_L 为花瓣长度；P_W 为花瓣宽度。

    "特征值"表反映了以上每个典型判别方程的特征值和解释方差的比例。第一个方程可以解释 99.12% 的方差，第二个方程可以解释剩余的 0.88%。

    "Wilk's Lambda 检验"表说明这两个判别方程显著解释了每个组的类别，可以发现 Sig. 列中的两个值均小于 0.05，说明两个判别函数都是显著的，模型拟合较好。

    "对训练样本数据分类汇总"表用于评估判别模型，从"分类计数"表中可以得到 setosa 的分类准确率为 100.00%；versicolor 的分类准确率为 96.00%，只有两个样本被错误分类为 virginica；virginica 的分类准确率为 98.00%，只有一个样本被错误分类为 versicolor。训练样本分类的总误差率为 2.00%，如图 10-40b 所示。

    典型分值图如图 10-41 所示。

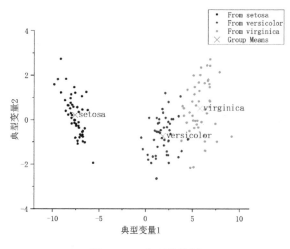

图 10-41 典型分值图

偏最小二乘

PLS 回归（Partial Least Squares Regression，偏最小二乘回归）是一种可以解决共线性问题、多个因变量 Y 同时分析，以及处理小样本时影响关系研究的一种多元统计方法。

从原理上，PLS 回归结合了三种研究方法，分别是多元线性回归、典型相关分析和主成分分析，多元线性回归用于研究影响关系，典型相关分析用于研究多个 X 和多个 Y 之间的关系，主成分分析用于对多个 X 或者多个 Y 进行信息浓缩。

通俗地讲，PLS 回归就是运用主成分分析的原理，将多个 X 和多个 Y 分别浓缩为成分（X 对应主成分 U，Y 对应主成分 V），然后借助典型相关原理，可分析 X 与 U 的关系，Y 与 V 的关系，以及结合多元线性回归原理，分析 X 对于 V 的关系，从而研究出 X 对于 Y 的关系。

【例 10-14】 试根据获得的样本光谱数据，确定样品中存在的三种化合物的量。数据包括不同波长（v1 ~ v43）的光谱发射强度，以及样品中三种化合物的量（compl，comp2，comp3）。现在研究一个利用 v1 ~ v43 预测三种化合物含量的模型。

1）将一个空的数据表置前，在素材文件中找到 MixtureSpectra. dat 文件，将其拖动到工作表中，即可将数据导入工作表。

2）选择菜单栏中的"统计"→"多变量分析"→"偏最小二乘"命令，弹出"偏最小二乘: pls"对话框。如图 10-42 所示。在"输入"选项卡中，"自变量"选择 v1 ~ v43 列的第 1 ~ 20 行数据，"因变量"选择 compl、comp2、comp3 三列的第 1 ~ 20 行数据，如图 10-42a 所示。

3）在"设置"选项卡中，勾选"交叉验证"复选框，取消勾选"标准化"复选框，如图 10-42b 所示。

4）在"绘图"选项卡中，勾选"X 载荷图"和"Y 载荷图"等复选框，如图 10-42d 所示。

5）其他保持默认值，单击"确定"按钮进行计算，输出的分析报表如图 10-43 所示。PLSResults1 工作表（如图 10-44 所示）为原始系数的结果，可以利用该系数建立相应模型，利用 v1 ~ v43 预测三种化合物的含量。

"交叉验证汇总"表中给出提取因素的最佳数量为 4，PRESS 是模型的预测残差平方和，具有最小 PRESS 均方根的模型具有最佳数量的因素。

a)"输入"选项卡

b)"设置"选项卡

c)"输出量"选项卡

d)"绘图"选项卡

图 10-42 "偏最小二乘:pls"对话框

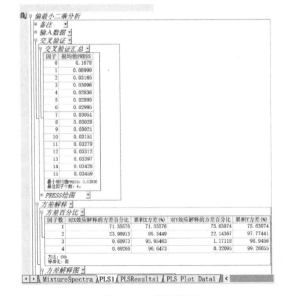

图 10-43 分析报告

	A(X)	B(Y)	C(Y)	D(Y)	
长名称	自变量	comp1	comp2	comp3	
单位					
注释			原始数据的系数		
F(x)=					
1	截距	0.43557	0.6216	-0.13928	
2	v1	0.03352	0.08551	-0.15552	
3	v2	0.02514	0.0587	-0.10196	
4	v3	-0.14812	0.08702	0.0581	
5	v4	0.06472	0.13122	-0.2261	
6	v5	-0.09302	0.14455	-0.05703	
7	v6	0.02522	0.15154	-0.20947	
8	v7	0.12168	0.18044	-0.35963	
9	v8	-0.49008	0.17175	0.38989	
10	v9	0.01425	0.16205	-0.18812	
11	v10	-0.03801	0.17668	-0.171	
12	v11	-0.16593	0.1477	-1.1978E-4	

图 10-44 原始数据的系数（部分）

"方差解释"表显示了每个因素能够解释的方差百分比。该例中，因子 1 对 X 效应的解释约为 71.36% 的方差，对 Y 效应的解释约为 75.6% 的方差；因子 2 对 X 效应的解释约为 23.99% 的方差，对 Y 效应的解释约为 22.14% 的方差；因子 3 对 X 效应的解释约为 0.61% 的方差，对 Y 效应的解释约为 1.17% 的方差。

由于前两个因素解释了超过 95% 的 X、Y 效应的方差，所以方差解释曲线应更多地关注前两个因素，对应的方差解释图如图 10-45 和图 10-46 所示。

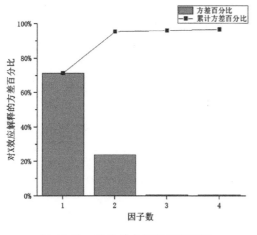

图 10-45　对 X 效应的方差解释图

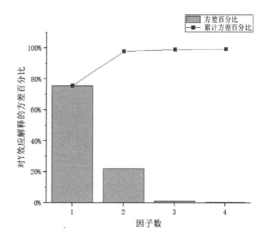

图 10-46　对 Y 效应的方差解释图

载荷图显示了 X 和 Y 变量在前两个因素空间中的关系。通过 Y 载荷图可知，三种化合物具有不同的因子 1 和因子 2 负载；通过 Y 载荷图可知，v26~v38 对因子 2 具有类似的高负载，而 v17、v18、v19、v23 及 v24 对因子 1 和因子 2 具有类似的低负载，如图 10-47 和图 10-48 所示。

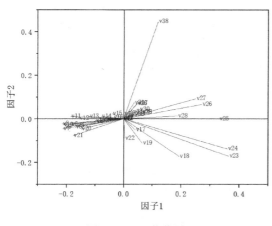

图 10-47　X 载荷图

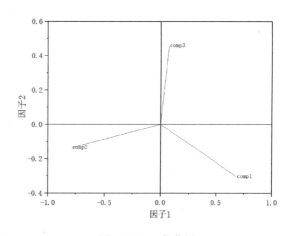

图 10-48　Y 载荷图

10.4　ROC 曲线

操作视频

ROC 曲线（Receiver Operating Characteristic Curve，受试者操作特性曲线）用于二分类判别效果的分析与评价，一般自变量为连续变量，因变量为二分类变量。

其基本原理是通过判断点的移动获得多对灵敏度和误判率，以灵敏度为纵轴、误判率为横轴，连接各点绘制曲线，然后计算曲线下的面积，面积越大，判别价值就越高。

ROC 曲线主要用于临床化学、药理学和生理学方面的诊断研究。它已广泛用作描述和比较诊断性试验效果的标准方法。

【例 10-15】 实验使用两种技术（Method1 和 Method2）来检测病人的血清钠水平。试根据所收集的 45 例病人的血清钠数据（一组确诊患有 RMSF，另一组没患 RMSF），了解血清钠水平对 RMSF（洛基山猩红热）是否有诊断作用，并判断哪种检测技术更为准确。

1）将一个空的数据表置前，在素材文件中找到 Sodium. dat 文件，将其拖动到工作表中，即可将数据导入工作表，如图 10-49 所示。

2）选择菜单栏中的"统计"→"ROC 曲线"命令，弹出"ROCCurve"对话框。在"数据"中选择 B、C 两列，"状态"中选择 A 列，"正状态值"中选择 RMSF，"检验方向"选择"正 v. s. 低"，在"ROC 曲线"下勾选"最佳切点"复选框，设置完成后的对话框如图 10-50 所示。

图 10-49　数据表（部分）　　　　　图 10-50　ROCCurve 对话框

3）单击"确定"按钮，退出对话框并进行计算，弹出"提示信息"对话框提示是否切换到报表，选中"是"即可，单击"确定"按钮退出。输出的分析报表出现在 ROC Curve1 工作表中，如图 10-51 所示。

从表中可以看出，两种检测技术的渐近概率都远小于 0.05，因此它们都是有效的。

4）双击分析报表中的 ROC 曲线，会出现图 10-52 所示的 ROC 曲线。

在 ROC 分析中，面积越接近 1.0 测试越好，而面积越接近 0.5 测试越差。本例中，Method1 和 Method2 的面积分别为 0.88862 和 0.79407，都远大于 0.5。然而，Method1 的面积更接近 1.0，因此 Method1 优于 Method2。

说明：通过检查 ROC 曲线的形状发现，Method1 似乎比 Method2 具有更高的灵敏度，基于此也可以大致得出 Method1 优于 Method2 的结论。

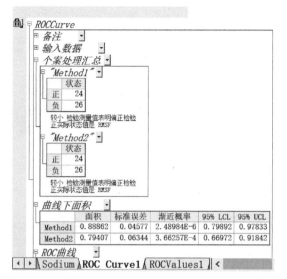

图 10-51　分析报表

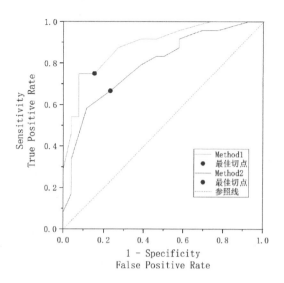

图 10-52　ROC 曲线

参 考 文 献

［1］海滨 . Origin 2022 科学绘图及数据分析［M］. 北京：机械工业出版社，2022.
［2］张建伟 . Origin 9.0 科技绘图与数据分析超级学习手册［M］. 北京：人民邮电出版社，2014.